艺术设计与实践

服装设计与实战

王志惠 / 编著

清华大学出版社

北京

内容简介

本书将服装设计所涵盖的多学科知识融为一体，详细讲解服装设计的基本原理、实用技术和经典技巧。全书按实际应用方向分为6章，内容包括服装设计必学知识、色彩的基础知识、服饰材料与剪裁、服饰风格、服饰的配饰、服饰色彩的视觉印象。本书内容系统翔实、图文并茂，对优秀创意作品有详细的分析讲解，能够启发初学者的创造性思维，可以帮助初学者快速掌握服装设计的知识与技术。

本书可供服装设计、平面设计等行业的设计人员及服装设计爱好者阅读参考，同时也可以作为大中专院校相关专业及服装设计培训机构的教材。

图书在版编目(CIP)数据

服装设计与实战 / 王志惠编著. — 北京：清华大学出版社，2017
（艺术设计与实践）
ISBN 978-7-302-45694-0

Ⅰ. ①服… Ⅱ. ①王… Ⅲ. ①服装设计 Ⅳ. ①TS941.2

中国版本图书馆 CIP 数据核字(2016)第 280224 号

责任编辑：陈绿春 战晓雷
封面设计：潘国文
版式设计：方加青
责任校对：徐俊伟
责任印制：宋 林

出版发行：清华大学出版社
网 址：http://www.tup.com.cn，http://www.wqbook.com
地 址：北京清华大学学研大厦 A 座 **邮 编：**100084
社 总 机：010-62770175 **邮 购：**010-62786544
投稿与读者服务：010-62776969，c-service@tup.tsinghua.edu.cn
质 量 反 馈：010-62772015，zhiliang@tup.tsinghua.edu.cn
印 装 者：北京天颖印刷有限公司
经 销：全国新华书店
开 本：188mm×260mm **印 张：**14.25 **字 数：**312 千字
版 次：2017 年 5 月第 1 版 **印 次：**2017 年 5 月第 1 次印刷
印 数：1 ～ 3000
定 价：79.00 元

产品编号：066918-01

前言

服装设计是一门综合学科，包含文学、艺术、历史、哲学、美学、心理学、生理学等知识。本书将多种知识融合为一体，详细讲解了服装设计的基本原理、服装设计的技术应用、服装设计的经典技巧等。

本书的章节安排合理，内容精彩丰富，技巧具体实用，作品优秀经典。本书共 6 章，具体内容如下。

第 1 章　服装设计必学知识：包括服装设计概念、造型设计、图案设计、材料设计和服装类型。

第 2 章　色彩的基础知识：包括服装的色彩设计、色彩的三大属性、服装色彩的对比、服装色彩的情绪。

第 3 章　服饰材料与剪裁：包括面料、辅料、剪裁。

第 4 章　服饰风格：包括自然、中性、OL、欧美、韩式、田园、民族、英伦、波西米亚等风格和礼服。

第 5 章　服饰的配饰：包括帽饰、发饰、肩饰、眼镜、首饰、手提包、腰饰和鞋。

第 6 章　服饰色彩的视觉印象：包括前卫、安逸、优美、活力、童趣、活泼、自然、质朴和华丽。

本书注重实用，讲解清晰，案例精美，不仅可以供服装设计、平面设计等行业的初、中级读者学习使用，还可以供服装设计爱好者阅读参考，同时也可以作为大中专院校相关专业及服装设计培训机构的教材。

本书由王志惠主笔，参加编写的还包括：李路、孙雅娜、王铁成、杨力、杨宗香、崔英迪、丁仁雯、董辅川、高歌、韩雷、李进、马啸、马扬、孙丹、孙芳、王萍、杨建超、于燕香、张建霞、张玉华等。

在编写本书的过程中，我们以科学、严谨的态度，力求精益求精，但错误和疏漏之处在所难免，敬请广大读者批评指正。有任何意见或建议，请联系陈老师：chenlch@tup.tsinghua.edu.cn。

作者

2017 年 3 月

目录

第1章

服装设计必学知识

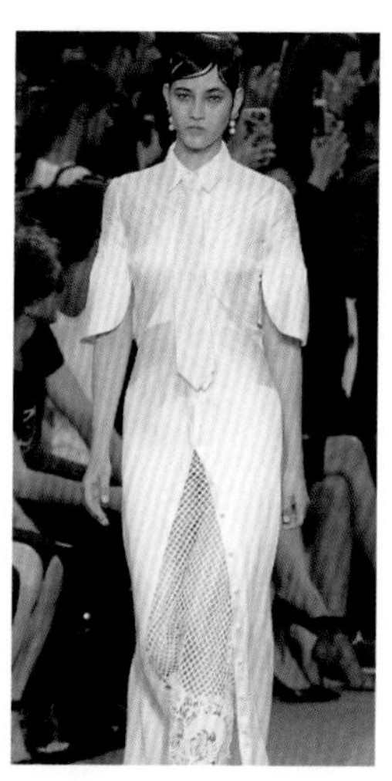

第 2 章

色彩的基础知识

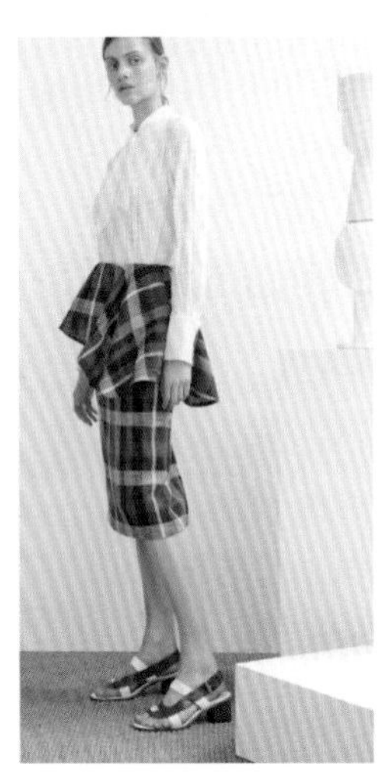

第3章

服饰材料与剪裁

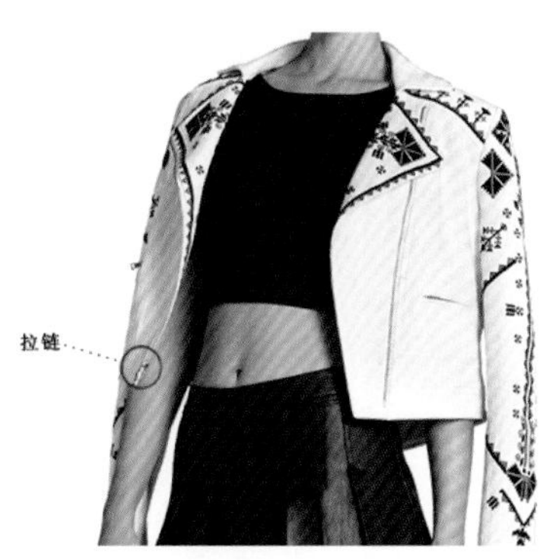

第 4 章

服饰风格

第5章

服装的配饰

第 6 章
服饰色彩的视觉印象

服 装 设 计 与 实 战

服装设计必学知识

学习服装设计不能只靠自己的灵感去设计，还要遵循设计规律。下面介绍服装设计的基础知识。学习服装设计，一直临摹其他设计师的图纸不是一个很好的选择，要多了解服装的色彩运用、材料设计、款式设计和工艺设计等知识，结合创意灵感进行表达。本章介绍的是对服装设计的概述和一些基础知识。

- 服装造型设计能够突出一个时代的文化特点和服装形象。
- 服装图案对服装起着装饰、美化的作用。
- 服装材料能够强调出服装的风格和特性。

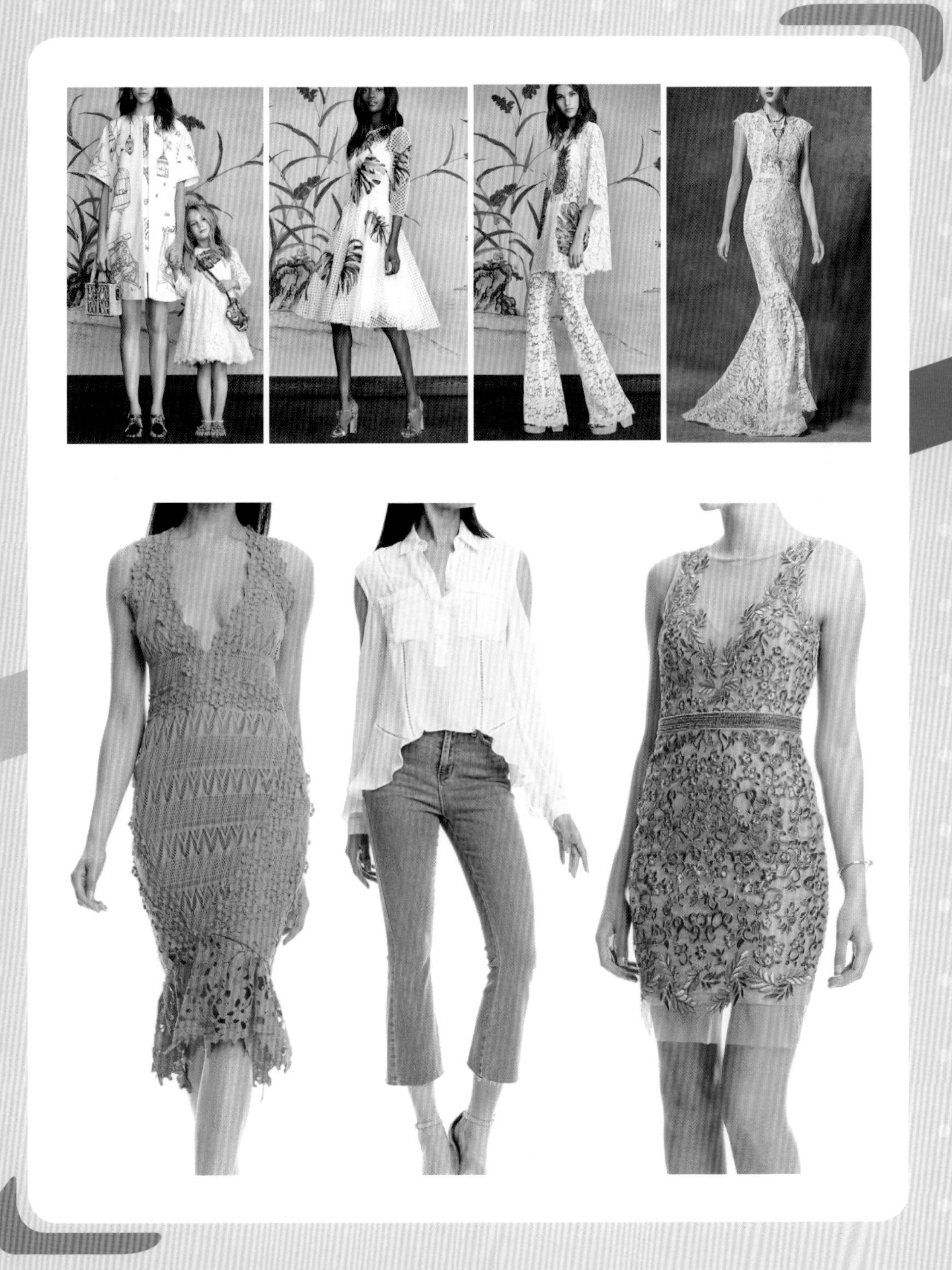

1.1 服装设计概念

服装设计是一门综合学科。它与文学、艺术、历史、美学、心理学、生理学息息相关。因此，从事服装设计，需要掌握很多学科内容，并与服装设计完美融合。

随着时代的不断发展与进步，人们对美的认识也有了新的见解。服装设计兼具实用性与美观性，是灵活的创作与遵循规律的设计的组合，又充满展现自身的表达特性。不同的时代文化能够产生不同的设计思想，应充分掌握服装的剪裁设计、工艺手法和设计构思手法，以最大程度地展现出服装特色搭配风格与穿着者自身气质的完美融合。

服装设计流程有以下几个环节：

（1）服装造型设计。了解服装的美学原理是进行服装造型设计的前提。服装造型是根据人体结构来表现的，在造型设计过程中要把握好突出部位的特点，体现服装潮流。

（2）**服装色彩设计**。服装色彩是寻求一种和谐的服装色彩搭配的效果，色彩搭配设计通过视觉传达到人脑中，与服装款式设计相结合，形成协调统一的视觉搭配感受。

（3）**服装结构设计**。服装结构设计体现在穿着者体型、版型剪裁设计以及色彩搭配等方面。服装结构设计是整体服装设计效果的灵魂和支柱，起到衬托和表现主题的重要作用。

（4）**工艺制作**。工艺越复杂的制作，服装效果越优雅庄重；反之则会给人以休闲轻快的印象。精良周密的制作工艺能够赋予服装整体造型更为丰富的层次内涵。

1.2　服装的造型设计

服装造型设计是服装设计思维和想象力的表现，不仅能够体现出服装的品位，更能突出服装的风格，因此服装的造型设计对服装设计起着重要的作用。如果服装过于重视细节，就会忽略外轮廓设计，会削弱服装的个性。本节介绍服装造型设计的两种造型方式：字母型外轮廓和几何型外轮廓。

字母型外轮廓效果如下所示。

A 形外轮廓

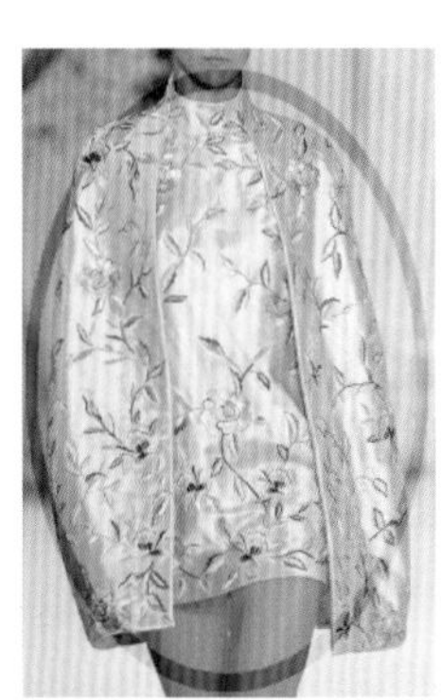

O 形外轮廓

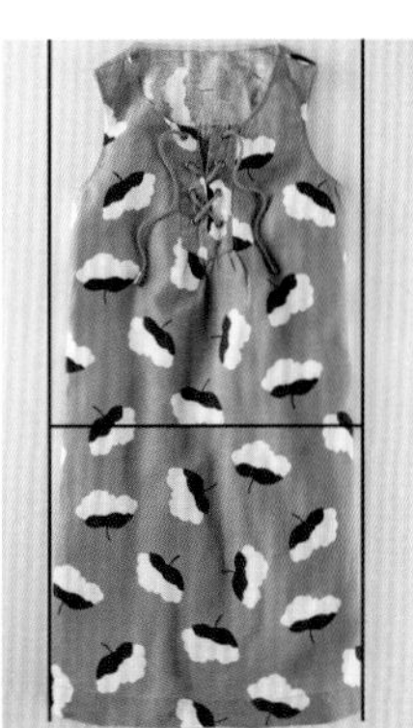

H 形外轮廓

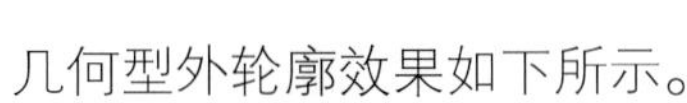

几何型外轮廓效果如下所示。

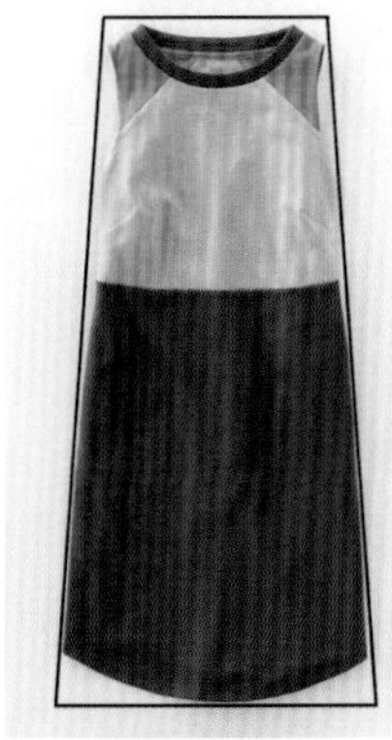

正梯形外轮廓

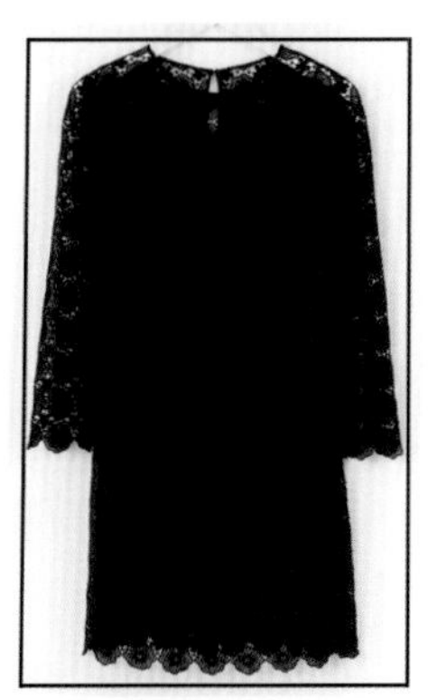

方形外轮廓

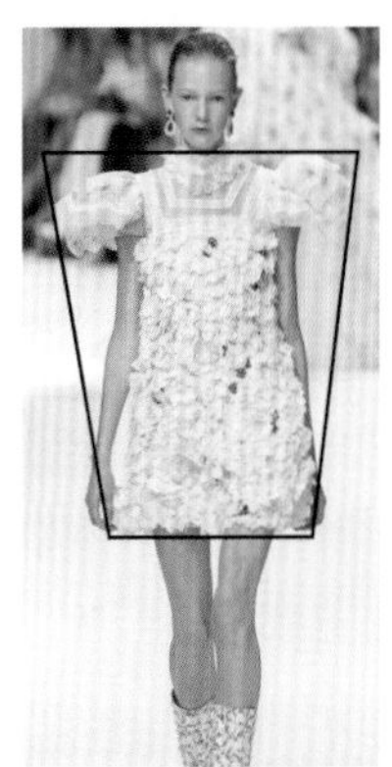

倒梯形外轮廓

1.2.1 字母型外轮廓

轮廓是服装外部造型的剪裁，可以呈现出服装的结构风格及款式，给人以直观的视觉冲击，其重要性不言而喻。字母型外轮廓可分为 V 形外轮廓、H 形外轮廓、A 形外轮廓、X 形外轮廓、S 形外轮廓和 O 形外轮廓。

1. V 形外轮廓

V 形外轮廓肩部较宽，向下则逐渐变窄。V 形轮廓外形大胆，个性独特，带有阳刚之气。

2. H 形外轮廓

H 形外轮廓是一种平直轮廓，以肩部为受力点，弱化了服装整体的宽度差异，能给人以简约、严谨的感觉。

3. A 形外轮廓

A 形外轮廓是一种上窄下宽的平直造型。一般这种轮廓的服装肩部较窄或是裸肩，下摆则肥大宽松；裤装则以紧脚踝、肥腿为特征。

4. X 形外轮廓

宽松的肩部、紧致的收腰、自然宽松的下摆是 X 形外轮廓的特征。该外形的服装设计最能体现出女性的优雅气质，具有优美柔和的女性风格。

5. S 形外轮廓

S 形外轮廓能够将女性身体的曲线勾勒得更加完美，大大提升女性最迷人性感的魅力，又可以体现出女性特有的柔和、典雅感。

6. O 形外轮廓

上下收紧的椭圆形状是 O 形外轮廓的特征，呈现出丰满的视觉效果，可以巧妙地隐藏身材的缺陷，充满时尚的气息。

1.2.2 几何型外轮廓

服装造型是按照审美要求塑造的立体形象，是由点、线、面、体赋予的“形、色、质”组合的最终形体。服装造型以人体和人体动态为基础，由造型和轮廓两个部分构成，尤其是外轮廓和内部结构结合，呈现出一个整体的视觉形象。下面来欣赏几种几何型外轮廓，分别是方形外轮廓、正梯形外轮廓和倒梯形外轮廓等。

1. 方形外轮廓

几何形状是一切事物造型的基础。方形外轮廓以简洁、单纯的创作手法产生极致、富于美感的视觉效果。

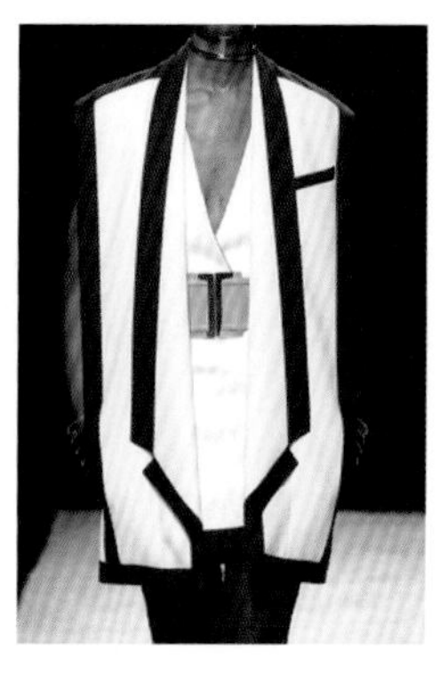

2. 正梯形外轮廓

正梯形外轮廓将肩部修饰得偏窄，下部则有些宽松，是常见的服装款式。它具有鲜明、活泼、雅观的特点。

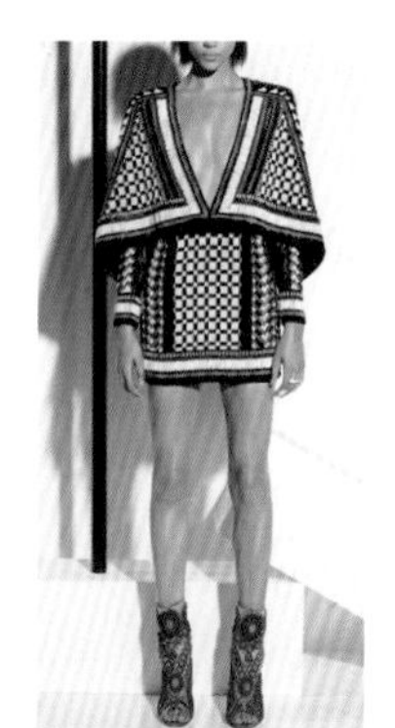

3. 倒梯形外轮廓

倒梯形外轮廓正好与正梯形外轮廓相反，整体上宽下窄。它具有简洁、庄严、大方的特点。

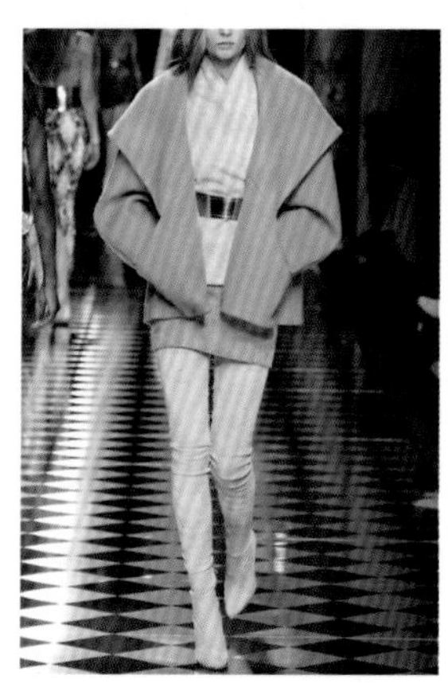

1.3 服装的图案设计

服装图案是实用性和装饰性完美结合的装饰性图案。图案是在生产生活实践中自然产生的，随着社会时代的发展和进步，服装图案设计也有了一定的变化，主要是通过工艺、结构、内容和风格四个方面着手。在制作工艺和表现形式上存在着显著的特征，通过织、染、绣、印等工艺的表现，产生一定的形式和内容。而服装图案的质感、触感和风格对服装设计有着重要作用，也成为了服装图案设计的难点。

服装图案设计又分为广义图案设计和狭义图案设计。

1.3.1 工艺

服装图案的工艺包括印花、绣花、钉珠、手绘、喷色等，起着修饰服装的作用。

1.3.2 结构

图案从结构方式上可分为独立图案和连续图案。独立图案是指独立存在的装饰图案，有着强化和画龙点睛的作用；连续图案是以纹样做重复排列而形成的，大面积地组合应用连续图案，可以产生服装整体设计的和谐统一效果。

1.3.3 内容

图案根据内容可分为人物、场景、花卉、植物、动物、几何图案、抽象图案等类型。

1.3.4 风格

服饰图案风格可分为古典、民族和现代等。古典风格的图案强调传统沉稳的色调搭配。民族风格的图案突出地域文化特色。现代风格的图案能够传达简约、时尚的内涵，充分体现对比鲜明的色彩和造型搭配。

1.3.5 广义图案设计

广义图案设计主要是追求图案的实用性和形式美感，能够映射出穿着者的精神风貌和审美意识。

1.3.6 狭义图案设计

狭义图案设计主要是追求形式美，能够随着时代的变迁而不断变化，也能引导人们的心理感受。

1.4　服装的材料设计

服装设计有三大要素，分别是材料、色彩和造型，其中材料是最基本的要素。材料不仅是造型的基本物质，更是造型艺术的表现形式，通过材料的表现形式设计出个性十足的服装。

服装材料设计的美感更是展现服装美的重要因素，也是质感美和肌理美的结合。所谓质感，是由材料构成的不同形式而显示出的一种表面效果，不同的质感既能产生不同的美感，又能体现出不同的材质风格。所谓肌理，是服装材料表面的组织结构和纹理，肌理能使人产生光滑或粗糙的立体形态感觉。服装面料分为柔软型面料（棉布、细纺、绒布）、透明型面料（雪纺、丝纱等）、厚重型面料（呢绒、针织）、光滑型面料（皮革、丝绸）等。

1.4.1　柔软型面料

柔软型面料具有轻柔舒适的手感，造型线条光滑，轮廓自然舒适，能够表现出面料柔软的流动感。柔软型面料主要包括柔和贴身的棉布面料、轻盈的细纺面料、柔滑舒适的绒布面料等。

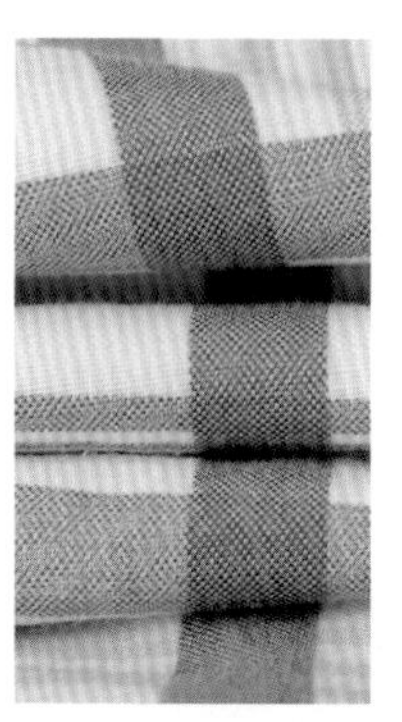
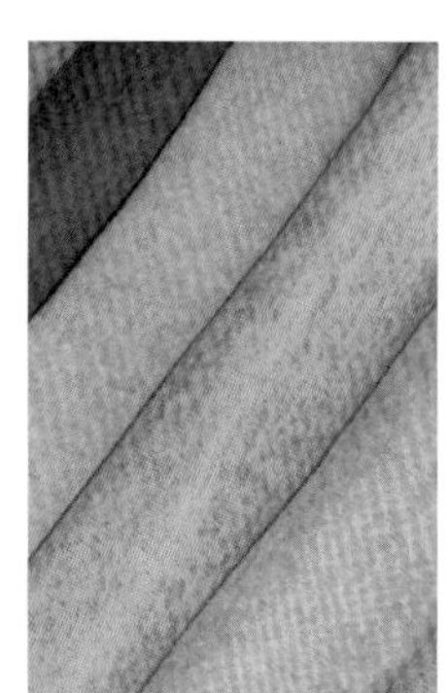

1.4.2　透明型面料

透明型面料质地轻薄、通透，而这种面料制作的服装优雅柔美，具有雅致神秘的视觉效果。透明型面料主要包括织物轻薄且透气性好的雪纺面料和丝纱面料等。

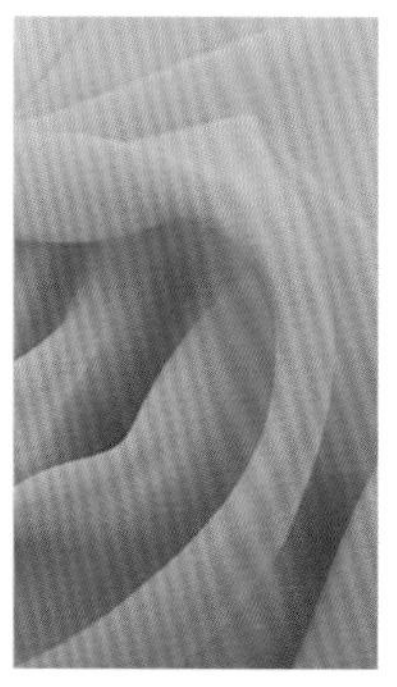

1.4.3 厚重型面料

厚重型面料沉稳厚重，具有形体扩张感和保暖的特性，而且能够产生稳定的造型效果。厚重型面料主要包括厚重挺括的呢绒面料、既柔软又精致的针织面料等。

1.4.4 光滑型面料

光滑型面料具有光泽耀目、熠熠生辉之感和强烈的视觉效果。光滑型面料主要包括光感冷漠，拥有较强视觉冲击力的皮革面料，光泽柔亮、细腻优雅的丝绸面料等。

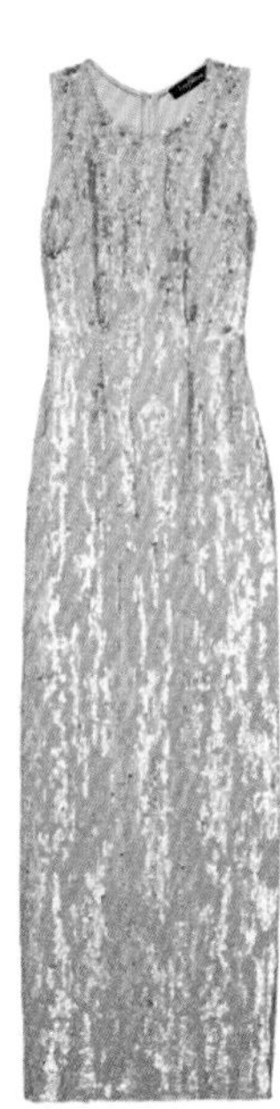

1.5　服装的类型

1.5.1　服装的常见分类方法

服装的分类方法有很多，通常以服装的基本形态和常见的服装类型分类。

按照服装的基本形态可分为以下几类：

- 体形型服装，符合人体结构的服装设计，如西服类服饰。
- 样式型服装，以宽松舒适为主。
- 混合型服装，以人体为中心，剪裁采用简洁的平面手法。

服装还可以按照年龄、目的、用途、季节等分类。

- 根据年龄分类：婴幼儿、青少年、青年、中老年服装。
- 根据国际通用标准分类：高级定制、高级成衣以及成衣等。
- 根据目的分类：职业服装、比赛服装、表演服装、指定服装等。
- 根据用途分类：日常装、礼仪装、特殊作业装、装扮装。
- 根据季节分类：春秋装、夏装、冬装。

1.5.2 基本形态分类

以下是体形型服装示例。

以下是样式型服装示例。

以下是混合型服装示例。

1.5.3　常见的服装类型

社交服：是指在社交场合所穿着的具有正式性质的服装，除了能增强外在美感，更能让人了解和认识自己。社交服有礼服、出访服等。礼服又可分为日间礼服与夜间礼服。社交服设计需符合穿着者的身份、体态和仪表，服装搭配得体，工艺精湛。

日常服：种类较为广泛，有通勤装、休闲装、出行装等。由于穿着环境不同，既有严肃、正式风格的服装，也有轻松、时尚的服装。

职业服：是指某种团体具有共同标志性的服装，包括工作服、制服、军服等。从服装实用性出发，职业服面料与色彩的组合搭配以及装饰搭配象征着某个团体的融合统一，同时能够反映出服装主体的风格特色。

家居服：此类服装面料柔软舒适，穿着轻松便捷，并具有一定的美观作用。家居服适合在室内穿着而不适宜公众场合，款式可分为睡衣、浴衣、晨袍、吸烟衣等。

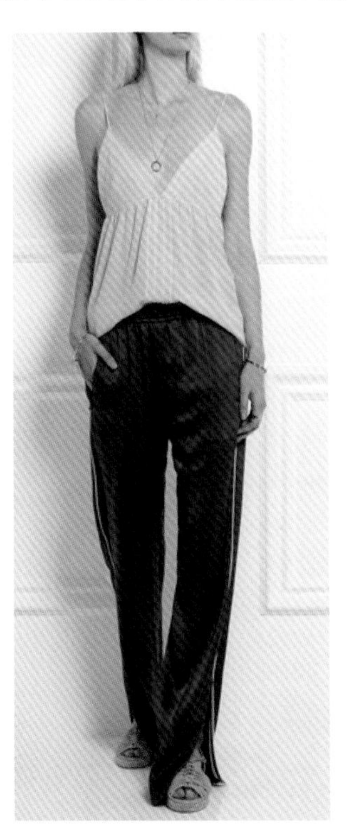

休闲运动服：是运动时穿着的服装，可分为休闲服和运动服两类。休闲运动服不仅能够运动时穿着，更能让穿着者显得轻便、清爽。

舞台服：不单单是表演时所穿着的服装，更是时尚文化的一种传达方式，以独特的视觉表达效果赋予服装整体设计新的含义。

OK读书笔记
Reading notes

色彩的基础知识

本章主要讲述服装色彩的基础色、色彩的三大属性、服装色彩的对比以及服装色彩的情绪。服装款式设计与服装色彩搭配有着密不可分的联系，同时合理运用服装色彩是服装搭配设计成功的前提条件。

- ◆ 色彩的三大属性极具强烈的节奏与韵律，使得色彩相互联系、相互呼应，构成和谐的色彩整体。
- ◆ 色彩的对比可以突出服装强烈的视觉效果。
- ◆ 富有情绪感染力的色彩能够带来神奇的视觉效果，可以产生令人耳目一新的感觉。

J.W.

2.1 服装的色彩设计

色彩在服装设计中有着重要的地位，色彩起到增强服装层次、渲染服装风格气氛、增强视觉冲击力等作用。

服装的搭配需要注重色彩的搭配，要合理分配色彩的主色、辅助色和点缀色。

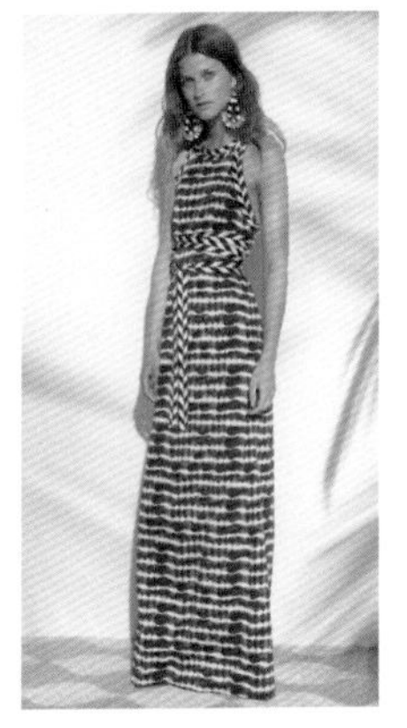

色彩还能引发人的心理感受。如，红色华美、活跃；橙色与黄色活泼、明快；绿色清爽、健康、安逸；青色与蓝色微凉、沉稳；紫色优美、高贵、神秘；黑色和白色严肃、寂寞、纯洁、神圣。

2.1.1 主色

无论是什么风格或类型的服装，都要定好服装的主色，在一般情况下服装的主色所占的总体面积最大。主色决定了服装的整体基调，辅助色和点缀色是围绕主色所进行的选择。主色调也可以选择近似的同类色，可以形成颜色的渐变，不仅能使服装更有层次感，还能减少服装的单调气息。

下面来欣赏一下服装的主色：橘色、粉色、黄色、白色、黄色。

2.1.2 辅助色

辅助色是为了辅助和衬托主色而选择的，相对于主色而言，辅助色的面积相对较小一些。

下面来欣赏一下服装的辅助色：白色、红色、黑色、白色。

2.1.3 点缀色

点缀色是服装色彩的点睛之笔，也是为了点缀主色和辅助色而选择的。点缀色虽然面积较小，却能将服装点缀得更加漂亮，让穿着者看起来更加惊艳，可以瞬间吸引别人的目光。通常点缀色多选用与主色互补的颜色，更能突出点缀色的魅力。

下面来欣赏一下服装的点缀色：黄色、黑色、黑色、紫色、红色。

    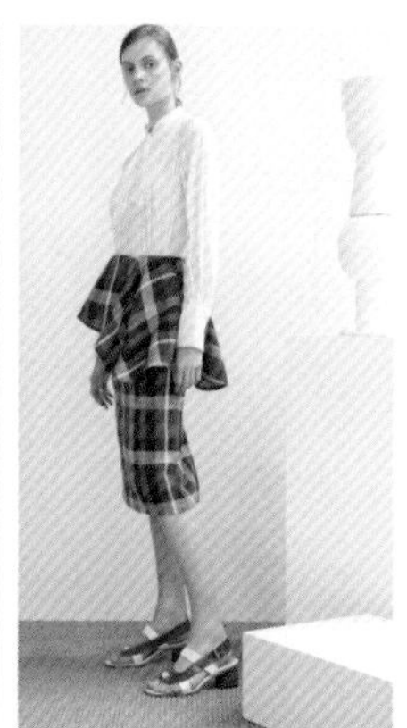

2.2 色彩的三大属性

任何色彩都有色相、明度、纯度三个方面的属性。灵活应用三大属性变化是色彩设计的基本功，通过色彩的色相、明度、纯度的共同作用才能更加合理地达到某些目的或效果。有彩色具有色相、明度和纯度三个属性，无彩色只拥有明度。

2.2.1 色相

色相就是色彩的“相貌”，色相与色彩的明暗无关，是区别色彩的名称或种类。色相是根据颜色光波长度划分的，只要色彩的波长相同，色相就相同，波长不同才会产生色相的差别。例如，一些颜色的明度不同，但是波长都处于 780 ~ 610nm 范围内，那么这些颜色的色相都是红色。

红（780 ~ 610nm）

橙（610 ~ 590nm）

黄（590 ~ 570nm）

绿（570 ~ 490nm）

青（490 ~ 480nm）

蓝（480 ~ 450nm）

紫（450 ~ 380nm）

说到色相，就要了解一下什么是“三原色”“二次色”以及“三次色”。

三原色是三种基本色，原色不能通过其他颜色的混合调配而得到。

二次色即“间色”，是由两种原色混合调配而得到的。

三次色即是由原色和二次色混合而成的颜色。

原色：

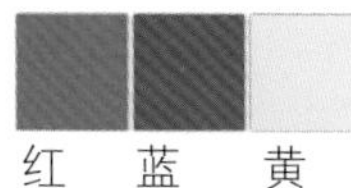

二次色：

三次色：

红、橙、黄、绿、蓝、紫是生活中最常见到的颜色，在相邻色中间插入中间色，再将这个颜色序列首尾相接成环状，即可制出包含十二基本色相的色相环。

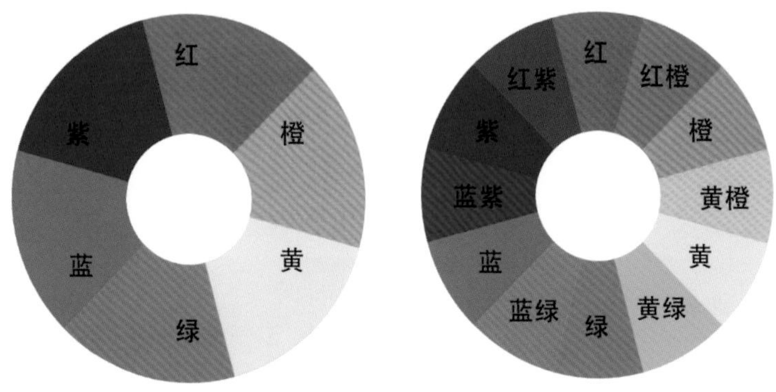

在色相环中，相隔 180° 位置上的两种颜色是互补色，也称这两种颜色互为补色。因为互补色的差异最大，所以当互补色相互搭配并置时，两种色彩的特征会相互衬托得十分明显。补色搭配也是常见的配色方法。

例如，红色与绿色互为补色，紫色和黄色互为补色。

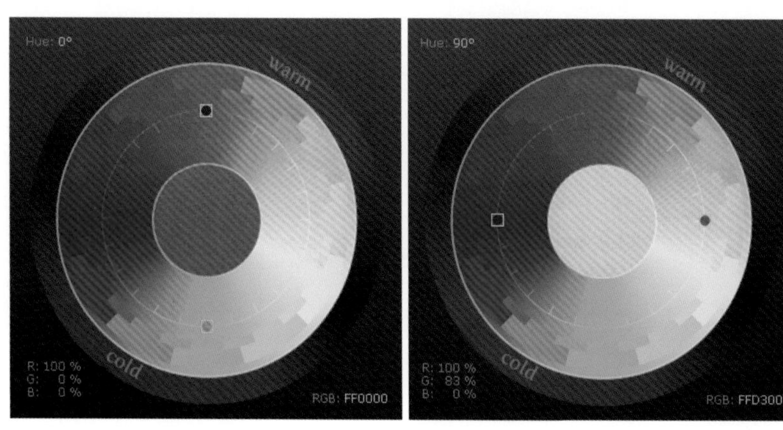

2.2.2 明度

明度是由光线强弱引起的一种视觉感受，不同明度的刺激也能引起不同的情感反应。明度也可以简单地理解为颜色的亮度。明度越高，色彩越亮，反之则越暗。

高明度　　中明度　　低明度

色彩的明度有两种情况：同一颜色的明度变化，不同颜色的明度变化。同一色相的明度变化效果如下图所示。不同的色彩也存在明度的差异，其中黄色明度最高，紫色明度最低，红、绿、蓝、橙色的明度相近，为中间明度。

使用不同明度的色块可以加强色彩的情感表达。

2.2.3 纯度

纯度是指色彩的鲜艳程度，也就是色彩的饱和度。物体表面颜色的纯度取决于该物体表面选择性的反射能力。

色彩的纯度也像明度一样有着丰富的层次，使得纯度的对比呈现出变化多样的效果。

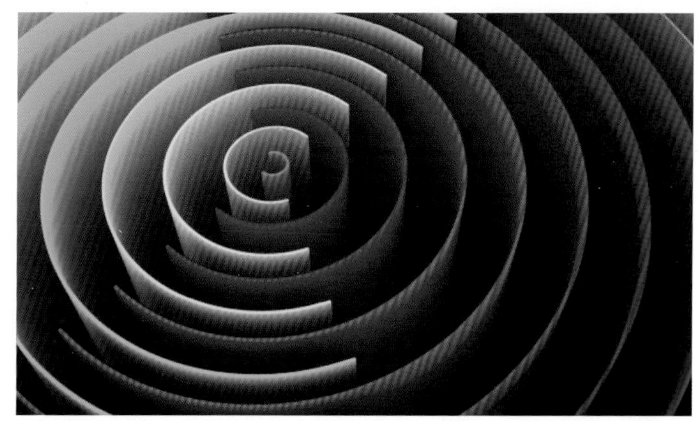

在设计中可以通过控制色彩纯度来调整服装的风格。色彩的纯度越高，服装颜色效果越鲜艳、明亮，给人的视觉冲击力越强；反之，色彩的纯度越低，服装就显得越暗淡，使其所产生的效果更加柔和、宁静。高纯度给人一种艳丽的感觉，而低纯度给人一种低调的感觉。

2.3 服装色彩的对比

服装色彩是服装给人的第一印象，是服装视觉美的灵魂，它能够产生强烈的吸引力，将服装风格展示得淋漓尽致，是最先进入人眼帘的视觉语言。每种色彩都有独特的魅力，而色彩的对比更有相得益彰、相辅相成的视觉美。

下面来欣赏一下服装要素的几种对比：明度对比、纯度对比、色相对比、面积对比和冷暖对比。

明度对比：

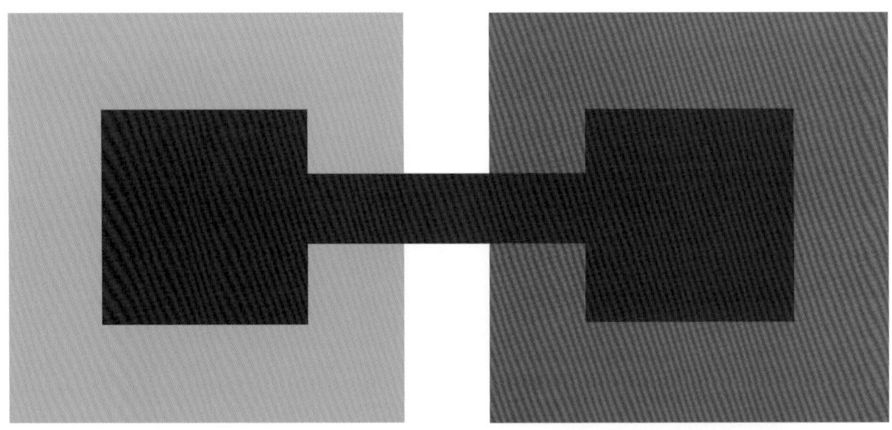

纯度对比：

色相对比：

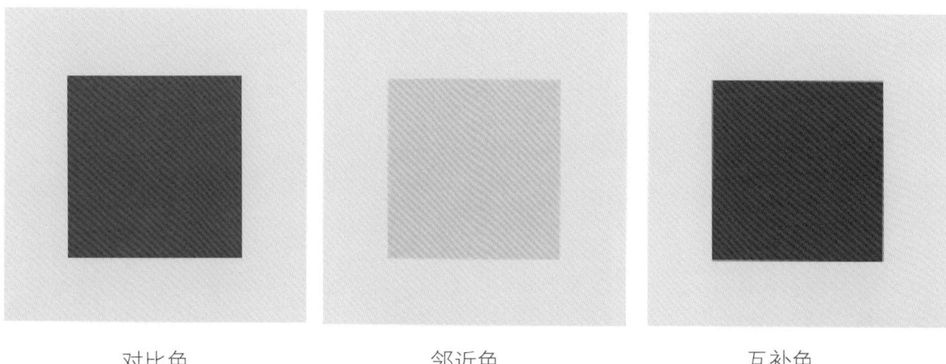

对比色　　　　邻近色　　　　互补色

面积对比：

冷暖对比：

冷色　　　　暖色

2.3.1　明度对比

明度对比就是色彩明暗程度的对比，也称为色彩的黑白对比。明度从低到高可以分为三个阶段：低明度、中明度、高明度。

低明度

这是一条低明度的黑色礼裙。裙子以渐变的方式由左到右形成三角图案，简约又不失时尚的美感。

中明度

这是一条中明度的裙装。以弧形将服装左右分为红白两色，为了强调腰部线条，选择椭圆形腰带作为点缀，使整体既和谐又有层次感。

高明度

这是一条高明度的镂空长裙。上下两部分别采用红蓝搭配的弯曲线条点缀，轻松地彰显出轻熟的女人味，很好地将胸线、腰线展示出来。

2.3.2　纯度对比

纯度对比是指因为颜色纯度差异产生的颜色对比效果。纯度对比既可以体现在单一色相的对比中，也可以体现在不同色相的对比中。通常将纯度划分为三个阶段：高纯度、中纯度和低纯度。

高纯度

红色修身短裙搭配有些俏皮的雪纺上衣，再搭配一件与裙装同色的外套，轻松地传达出充满活力、温暖的气息。

中纯度

这件针织裙装采用多种色彩层叠组合而成，轻盈又富有活力。

低纯度

低纯度的灰色介于白色和黑色之间，不像白色一样纯洁，也不像黑色一样性感，却能带给人知性、朴实的美感。

2.3.3 色相对比

色相对比是两种或两种以上色相之间的对比。当画面主色确定之后，就必须考虑其他色彩与主色之间的关系。色相对比通常采用邻近色对比、类似色对比、对比色对比、互补色对比。

1. 邻近色对比

邻近色就是在色环中位置邻近的两种颜色。在色彩搭配中，邻近色的色相、色差的对比都是很小的，这样的配色方案对比弱，画面颜色单一，经常要借助明度、纯度来弥补不足。

服装解析：

当桃红色碰撞上粉色，相同的色系，淡雅中带着一丝青春的味道。

邻近色对比的服装欣赏：

2. 类似色对比

在色环中相隔 30° ~60° 的色相为类似色。类似色对比的特点主要是耐看，色调统一而又变化丰富。

服装解析：

橘红色搭配金黄色是很多人不敢尝试的组合，但是如果搭配得好则会非常大气，例如左侧服装的搭配设计。

类似色对比的服装欣赏：

3. 对比色对比

在色环中两种颜色相隔 120° 左右为对比色。对比色给人以强烈、鲜明、活跃的感觉。

服装解析：

红色、蓝色、黄色对比，提升了多色组合的统一与和谐，碰撞出个性张扬的青春气息。

对比色对比的服装欣赏：

4. 互补色对比

在色环中相差 180° 度的色彩为互补色。这样的色彩搭配可以产生一种强烈的刺激作用，对人的视觉具有最强的吸引力。

服装解析：

黑色为主色的礼服，采用红与绿的互补色分别装饰服装的上下部，有效地加强了整体配色的对比，而且能够展现出特殊的视觉对比与平衡效果。

互补色对比的服装欣赏：

2.3.4 面积对比

面积对比是在同一画面中因颜色所占的面积大小而产生的色相、明度、纯度、冷暖的对比。

服装解析：

这款礼裙，宽松的裙身与衣袖可以将赘肉完美地隐藏起来，同时以色彩巧妙地点缀，性感中有带有一丝精致美。

面积对比的服装欣赏：

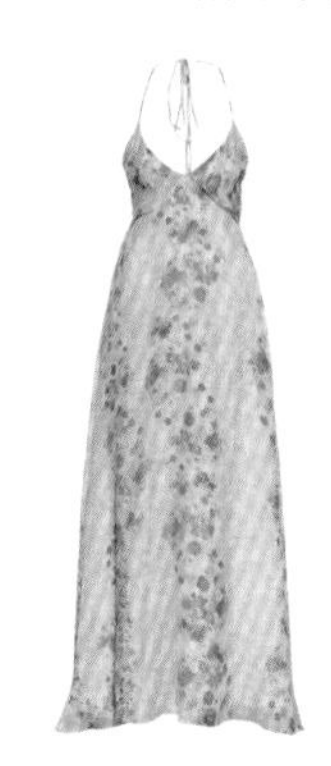

2.3.5 冷暖对比

由于色彩感觉的冷暖差别而形成的色彩对比称为冷暖对比。冷色和暖色是一种色彩感觉，画面中的冷色和暖色的比例决定了画面的整体色调，即暖色调和冷色调。不同的色调也能表达不同的意境和情绪。

服装解析：

这款礼裙采用蓝色与肉粉色所构成的冷暖搭配。从脖颈处弯曲而下的布条装饰将流苏的柔美与礼裙的性感完美融合，亦为礼裙增添了一丝立体效果。

冷暖对比的服装欣赏：

2.4 服装色彩的情绪

服装色彩的情绪表现也就是人对色彩的感觉，是指不同色彩的色相、明度给人带来的不同心理感受。色彩一方面能够给人带来美感，另一方面则能刺激人的感官和情绪。而恰到好处地运用这些情绪能够激发消费者的联想，以此来树立服装的品牌形象。下面欣赏一下色彩的重量、远近、冷暖以及软硬的情绪表达。

色彩的重量：

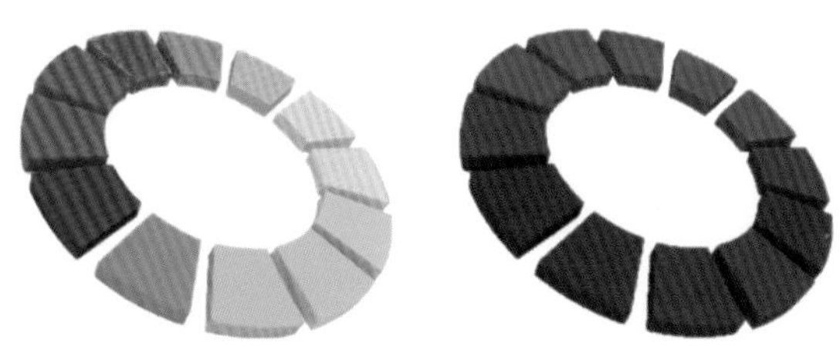

色彩的远近：

色彩的冷暖：

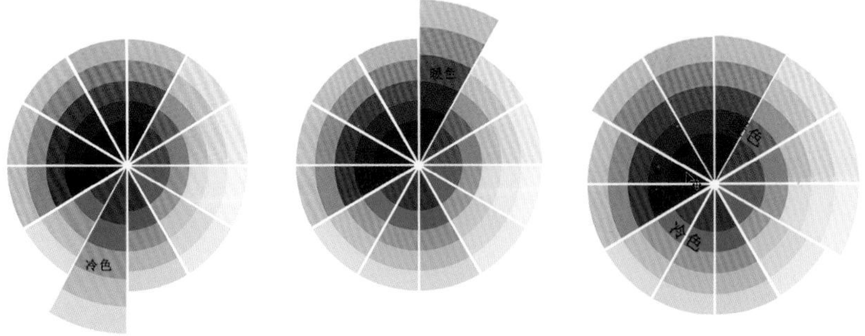

色彩的软硬：

软　　　　硬

2.4.1　色彩的重量

色彩本身并无重量，色彩给人的重量感主要来自明度。色彩的明度越高，则使人感觉越轻，具有轻盈灵动感；色彩的明度越低，则使人感觉越重，具有一定的稳重感。明度相同时，则纯度高的使人感受较轻，纯度低的使人感觉较重。

左重，右轻　　　　左重，右轻

2.4.2　色彩的远近

色彩的远近效果在众多领域中得以应用。明度高的色彩具有前进感，明度低的色彩具有后退感；纯度高的色彩具有前进感，纯度低的色彩具有后退感；膨胀的色彩具有前进感，收缩的色彩具有后退感。而色彩的远近运用到服装设计中不仅醒目，更能突出服装的效果。

2.4.3 色彩的冷暖

色彩的冷暖主要是人的视觉上的一种主观感受。色彩的冷暖主要取决于色相，与明度和纯度有一定关系。在色环中，蓝色是冷色中最冷的色彩，带有蓝色色彩的都是冷色；红色是暖色中最暖的色彩，带有红色色彩的都是暖色。暖色能够给人带来温暖的感觉，冷色则给人带来清凉的感觉。

2.4.4 色彩的软硬

色彩的软硬主要取决于明度，明度高会给人亲切、柔和的感觉，明度低会给人清凉、冷漠的感觉。色彩的软硬也与纯度与关，纯度高或低都会给人坚硬的感觉，只有中纯度的色彩才会给人柔软感。

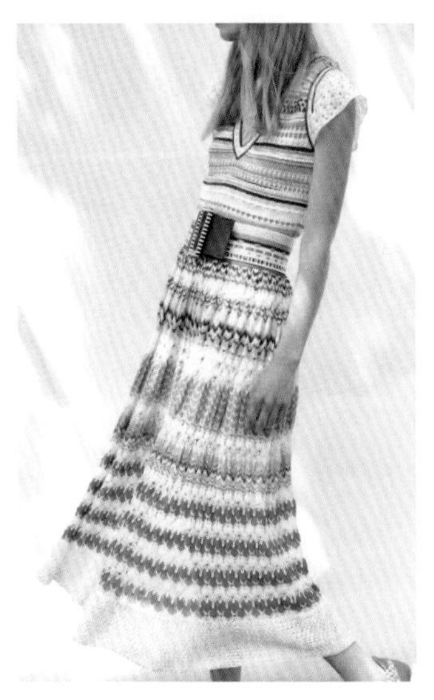

2.4.5 色彩的年龄变化

不同的色彩能够表达出不同的心情和性格。人会随着年龄的变化，对颜色的喜爱也会有所变化。例如，儿童大多喜欢鲜艳的颜色，青年较多喜欢成熟的颜色，老年则喜欢沉稳、暗雅的色彩。

2.4.6 色彩的强弱感

在色彩明度相同的情况下，暖色强，冷色弱；暖色比复色强，原色比灰色强；色彩越是接近原色越强，反之则弱，灰色最弱。

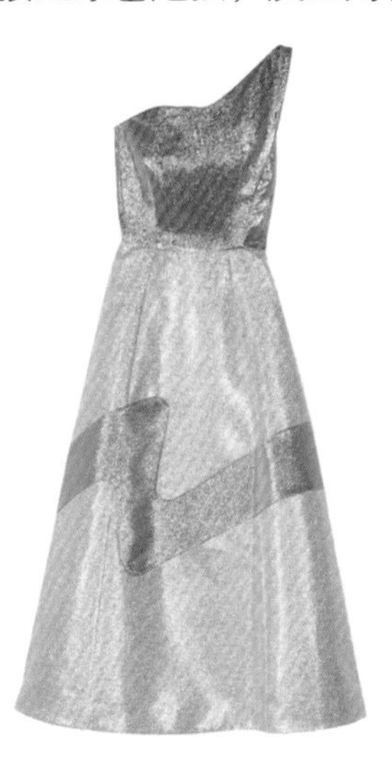

2.4.7 色彩的喜好变化

色彩在每个人的眼里都有着不同的感受。男性大多数喜欢清凉、沉稳的冷色，女性大多数喜欢温暖的色彩。色彩的喜好与职业、与社会心理有关。

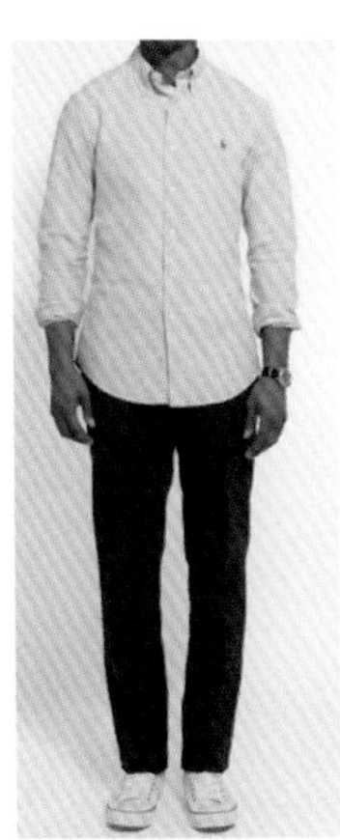

色彩的喜好与职业有关。脑力劳动者较为喜欢调和的色彩，体力劳动者较为喜欢明艳的色彩，白领以及工作狂多喜欢复色和淡雅的色彩。

色彩的喜好与社会心理有关。随着时代的不断发展，人们的意识形态、生活方式以及审美意识都会有所不同。

OK读书笔记
Reading notes

服饰材料与剪裁

服装设计是实用性与艺术性结合的一种设计形式，属于工艺美术范畴。在服装设计中，服装面料和剪裁是极为重要的。随着时代的发展，服装设计中的面料与剪裁也走出了传统，面料与剪裁方法也变得多样化，就连辅料也是花样繁多。

服装面料可分为棉布面料、麻布面料、丝绸面料、呢绒面料、皮革面料、针织面料和雪纺面料。

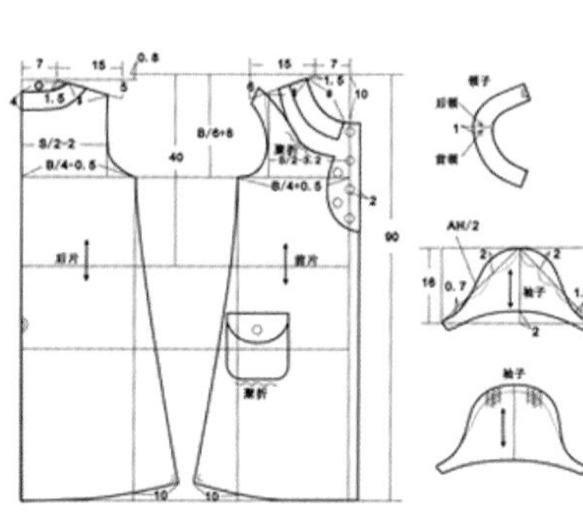
B/6+6
B/2-2
B/4-0.5
40
90
后片
前片
AH/2
袖子

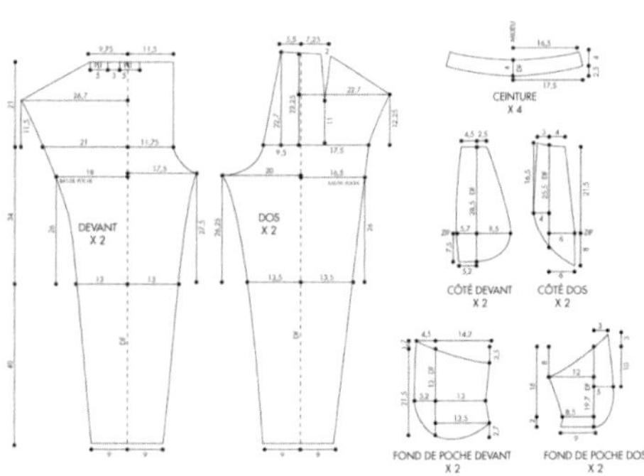
DEVANT
X 2
DOS
X 2
CEINTURE
X 4
CÔTÉ DEVANT
X 2
CÔTÉ DOS
X 2
FOND DE POCHE DEVANT
X 2
FOND DE POCHE DOS
X 2

3.1 面料

面料就是制作服装的主要材料。面料可分为棉布面料、麻布面料、丝绸面料、呢绒面料、皮革面料、针织面料和雪纺面料。下面介绍服装设计中常见的面料及其辨识方法。

棉布面料：纯棉布较为柔软，容易出现褶皱。在辨别时可以用手捏紧布料再松开，会明显看见褶皱的现象。

麻布面料：手感凉快，很适合制作夏季的服装。在识别麻布时可以采用以下方法：观察麻布纹路清晰度；用手握紧时麻布出现的褶皱现象比棉布还要明显；麻布涂抹烧碱水还会出现棕黄色等。

丝绸面料：真丝绸吸湿高，透气性好，富有弹性，而且真丝绸的服装冬暖夏凉。仿真丝绸的服装夏季闷热，冬天有凉的感觉。

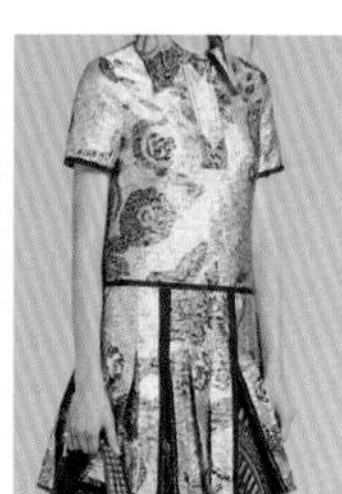

呢绒面料：手感柔软，防皱耐磨，保暖性强。辨别时，双手揉搓毛呢不易起毛。

3.1.1 棉布面料

棉布面料是以棉花作为原料纺织而成的。棉布面料的服装柔和贴身，还有很好的吸湿性和透气性。采用棉布面料的服装也较为广泛，如时装、休闲装、运动装、衬衫和内衣等。

棉布面料服装设计

棉布面料服装欣赏：

R G B=242-242-242
CMYK=6-5-5-0

R G B=154-0-25
CMYK=44-100-100-14

设计理念：纯棉的T恤搭配缉明线图案细节，可以凸显出服装精致、简练的大气手法。

色彩创意：这是一件百搭的男士白色T恤，一件简单的T恤就能让你拥有干净清爽的气质。

一抹清爽的白色，无论是男士服装还是女士服装，都能让你变得清新脱俗，无论逛街还是办公，它都是一件理想的搭配。

设计技巧——帅气迷人的套装

套装是经过精心设计的搭配，有上衣下裤配套和上衣下裙配套，下面所体现的是上衣下裤搭配设计，而这种套装设计手法避免了每日早上不知所措地挑选衣服的麻烦。

“穿衣荒”并不是指没有衣服穿，而是不知如何穿着打扮。一件漏肩条纹上衣搭配白色蕾丝背带裤，呈现出清爽舒适的活力感。

暗色条纹的连体裤更适合干练的白领，既修身又不十分紧绷。宽松的肥裤与收腰的上衣呼应出，展现出时尚的帅气和性感。

玩转色彩设计

双色设计

三色设计

多色设计

精彩作品欣赏

3.1.2 麻布面料

麻布面料是由亚麻、苎麻、黄麻、蕉麻等各种麻类纤维制作而成的，麻布面料具有吸湿和防腐的特性。选用麻布面料的服装不易褪色，而且耐晒。

麻布面料服装设计

麻布面料服装欣赏：

R G B=228-228-226
CMYK=13-10-11-0

R G B=31-21-18
CMYK=80-82-84-69

设计理念：尖型领口，单扣式袖口，前胸设有口袋，采用弧形下摆，整体搭配尽显简约时尚感。

色彩创意：心形印花衬衫，选用轻盈如羽的亚麻面料制作而成，让穿着者在夏季体会到清爽、透气的舒适感。

- 衬衫采用经典的黑白色搭配带来无限的魅力，诠释出极致简约的时尚文艺范。
- 穿着者在穿这款服装时，建议搭配牛仔裤，将衣摆放入裤腰中，打造出温暖休闲的造型。

设计技巧——性感的一件式裙装

在炎热的夏季，一件式裙装是女性衣橱中必不可少的服装之一，尤其是迷情的部落风，不仅儒雅舒适，更能凸显出独特的个性。

棉麻混纺的连衣裙印有部落风的印花，V领下方纽扣开合，外加七分袖的设计，凸显出成熟女性的气息。

有撞色刺绣印花的亚麻迷你裙，纤细的肩带搭配深V领口和不对称的下摆，塑造出活力性感的知性味道。

玩转色彩设计

双色设计

三色设计

多色设计

精彩作品欣赏

3.1.3 丝绸面料

丝绸面料是用蚕丝或合成纤维、人造纤维纺织而成的。丝绸面料的服装与人的皮肤有良好的触感，轻盈滑爽，又有很好的吸湿和速干性。

◎ 丝绸面料服装设计

纯色丝绸面料服装欣赏：

R G B=225-217-202	R G B=138-21-19	R G B=21-24-45	R G B=12-8-9
CMYK=15-15-21-0	CMYK=48-100-100-21	CMYK=94-93-65-54	CMYK=88-86-85-76

设计理念：丝质提花连衣裙采用简约的A字形轮廓，再搭配立体的灯笼袖、分割的下摆与缎带包边设计，为服装营造出律动感。

色彩创意：服装采用蓝色与红色对比搭配设计，再配以亮丽的复古花纹，为服装塑造出金碧辉煌的高贵感。

在夏季穿上此款丝绸面料服装有清凉舒爽感，服装的长袖设计在冬季具有保暖作用。

◎ 设计技巧——增强活力感的细带背心

背心是指无袖无领的衣服。吊带背心能够装扮出俏丽清纯风，又能创造出时尚的风靡感。

夏日穿着丝绸背心十分清凉，再搭配一条蓝色牛仔短裤，简洁又大方。

丝绸短款吊带衫，前面以V形蕾丝拼接装点，再配以飘逸的廓形，使得这件服装俏皮可爱。

玩转色彩设计

双色设计

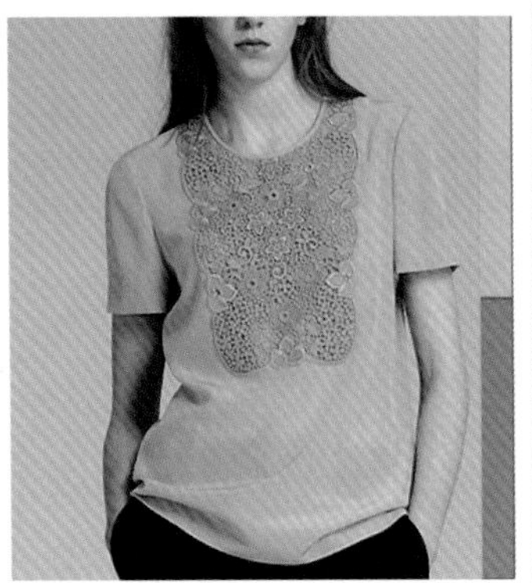

三色设计

多色设计

精彩作品欣赏

3.1.4 呢绒面料

呢绒面料是由各类羊毛、羊绒编织而成的，具有耐磨、柔软、保暖性强的优点。呢绒类面料多用于西服、大衣、高档服装制作。

呢绒面料服装设计

这是一款与左侧同系列的格子呢大衣。文艺气息的格子版式弥漫着浓浓的书香气息和随性的亲和感。

RGB=160-16-29 CMYK=43-100-100-10

RGB=78-59-52 CMYK=68-73-75-38

RGB=241-227-209 CMYK=7-13-19-0

RGB=202-123-88 CMYK=26-57-67-0

设计理念：红色毛呢的牛角扣大衣，搭配黑白格纹内里和超大的帽领，为柔和的廓形增添精致的细节。

色彩创意：红色呢衣给人一种吉祥、稳重又热情的感觉，总是让人感觉更加亲近。

建议红色的毛呢大衣搭配深蓝色的长腿裤，使对比色搭配给人的感觉更加和谐，再搭配皮包和一双高跟鞋，显得穿着者高挑又时尚。

设计技巧——精致时尚的呢衣

深色的呢衣不仅能够衬托出气质，还能够显瘦。深色的外套搭配亮丽的里衣，更是显得年轻，也不乏帅气。

斗篷样式的毛呢外衣包裹着身体，简约又不失时尚感，凸显出精致独特的风格。

军绿色的毛呢外衣，再搭配时尚的裙装和打底袜，既清新又迷人。

玩转色彩设计

双色设计

三色设计

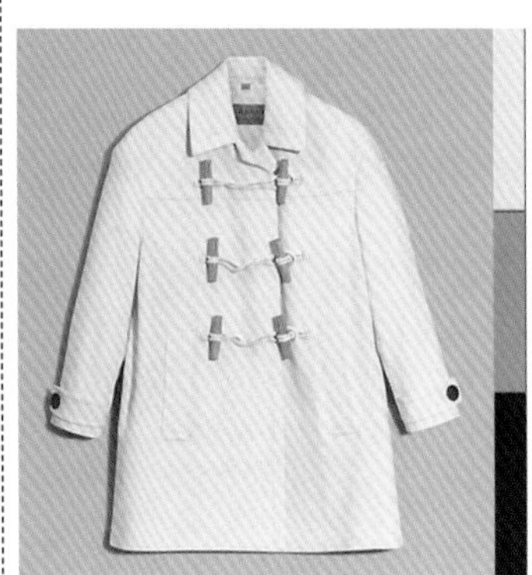

多色设计

精彩作品欣赏

3.1.5 皮革面料

皮革面料是经过脱毛和鞣制等物理化学加工而制成的不易腐蚀的动物皮，天气干燥时较为柔顺。皮革分为天然细皮、天然粗皮和人造皮等。皮革面料的服装轮廓造型可分为紧身、半紧身和宽松，这种皮革面料赋予服装高档感。

皮革面料服装设计

皮革面料的夹克欣赏：

RGB=160-16-29	RGB=78-59-52	RGB=241-227-209	RGB=202-123-88
CMYK=43-100-100-10	CMYK=68-73-75-38	CMYK=7-13-19-0	CMYK=26-57-67-0

设计理念：光滑质感的机车夹克，合身的剪裁版型，再搭配奢华的皮领和金属拉链开合的设计，打造出富于立体感的廓形。

色彩创意：黑色的皮革与红色的裙子形成强烈的色彩对比，亦为服装注入了浪漫的随性感。

纤细的高跟短靴和皮包搭配装饰整套服装，为穿着者营造出优雅的气质。

设计技巧——皮革野性的魅力

皮革面料的柔软性能够给人带来帅气的朋克风和甜美的摩登知性感。

皮革外套下摆装饰着棕色皮毛，将服装装饰得时尚高贵，又富有层次感和高档感。

皮革短裙总是透出硬朗、潇洒感，而这款迷你短裙搭配皮草外套，整体更加俏皮而富有活力。

玩转色彩设计

双色设计

三色设计

多色设计

精彩作品欣赏

3.1.6 针织面料

针织面料是由线编织而成的。针织面料的服装质地柔软，吸湿透气，而且有良好的延伸性，能够让穿着者体会到贴身、合体的舒适感，能够充分展示人体的完美线条。

○ 针织面料服装设计

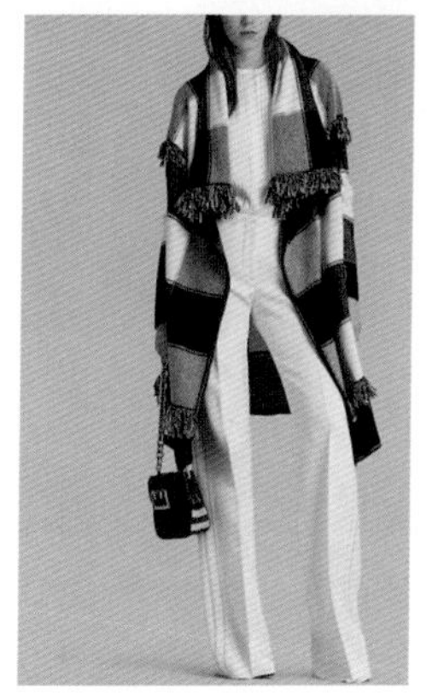

下面展现的是针织毛衫，穿着时内部再搭配衬衫，可以装扮出保暖、清爽的风格。

RGB=241-233-223	RGB=133-124-115	RGB=236-227-210	RGB=5-5-4
CMYK=7-10-15-0	CMYK=56-52-53-1	CMYK=10-12-19-0	CMYK=91-86-87-78

设计理念：经典格纹的针织衫搭配柔和的流苏翻领，轻松地创造出时尚的经典美。

色彩创意：垂直版型的黑白格子外搭已成为时尚界的经典设计，能够使穿着者呈现出温婉、洒脱的时尚气质。

模特穿着针织长袖毛衣并将其放入垂直长筒的裤腰内，搭配十多厘米的高跟鞋，再搭配针织外套，将身材拉得纤细修长，能够让其在众人中脱颖而出。

○ 设计技巧——喇叭袖帮你装扮时尚

宽阔的喇叭袖成为现在最时尚的元素，在你挥动手臂时如翩翩蝴蝶一样靓丽，还能够遮挡手臂的赘肉。

深V领口的针织上衣、充满个性的喇叭袖再搭配棕红色鹿皮短裙，塑造出娇柔妩媚的气质。

拼色厚重的宽松毛衣、左侧夸张的开叉和长长的喇叭袖，再搭配牛仔短裤，整体凸显着休闲前卫的独特感。

玩转色彩设计

双色设计

三色设计

多色设计

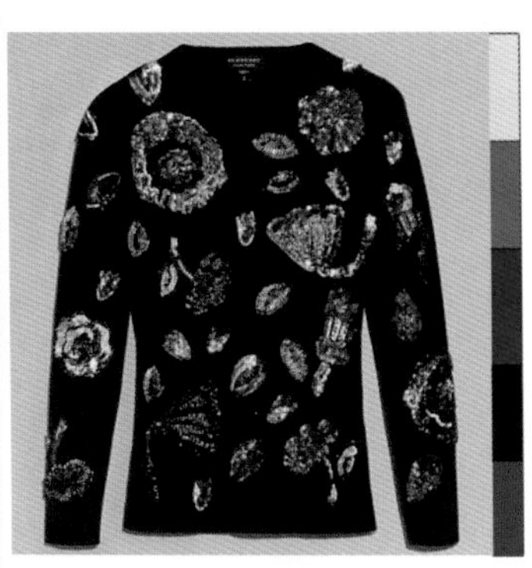

精彩作品欣赏

3.1.7 雪纺面料

雪纺面料是丝产品中的纺类产品，以美丽轻盈、柔软滑爽而出名。雪纺面料外观淡雅，且具有良好的透气性，成装上身既飘逸凉爽又庄重典雅。

雪纺面料服装设计

这是与左侧相同雪纺面料的服装设计。深色的较为成熟稳重，浅粉色的则呈现出清爽的儒雅感。

R G B=245-222-208
CMYK=5-17-18-0

R G B=237-92-84
CMYK=7-77-60-0

设计理念：这是一件雪纺礼裙，采用几何图形重复绘制成礼服镂空样式，使得服装清淡雅洁又具有良好的透气性。

色彩创意：红色与肉色拼搭设计，使得服装自然清新脱俗。

秀发自然披散，将穿着者凹凸有致的身材精致地展示出来，塑造出柔美知性的气息。

设计技巧——雪纺带你轻松做潮人

飘逸灵动的雪纺装仙气十足，外加宽松的褶皱样式，平添大气、优雅的知性感。

褶皱样式的漏肩雪纺衫，胸前与漏肩边缘附上刺绣花纹，塑造出女性清淡雅致的温婉感。

轻灵的雪纺裙，背后交叉肩带设计，为炎热的夏季带来一抹清爽感。

玩转色彩设计

双色设计

三色设计

多色设计

精彩作品欣赏

3.2 辅料

辅料是服装材料的重要组成部分，也是服装构成的重要基础，它是服装造型的骨架，又是色彩造型的组成部分。服装辅料可以提高服装的档次，更能突出服装的整体效果，促进服装销售。服装辅料包括花边、嵌条、饰品、垫肩、围巾、腰带、拉链与纽扣等。

3.2.1 花边

花边也是刺绣的一种，以棉线、麻线、丝线或各种织物制作而成，多以装饰服装为目的。花边在服装制作上通常有手缝、拼缝、叠缝等，以实现不同的装饰效果。

花边辅料的服装设计

R G B=30-25-22
CMYK=81-80-82-67

设计理念：腰部以上的部位采用椭圆形镂空样式设计，再以衔接拼缝的手法将两条黑色蕾丝镶嵌在镂空边缘，既起到装饰服装的作用，又将裸露的后背衬托得更加性感。

色彩创意：服装整体采用黑色，宽松的喇叭袖、俏丽的蕾丝，将服装塑造得经典又时尚。

服装整体设计兼具率性与柔美知性的气息。

设计技巧——蕾丝巧妙的装扮

蕾丝是扮靓女性必不可少的元素，已成为女性的代名词，既能装扮出性感妩媚的知性，又能集甜美浪漫于一身。

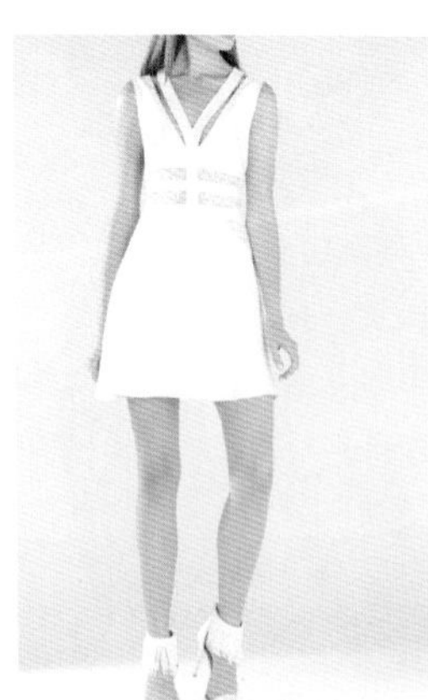

深 V 领的小礼裙，采用蕾丝装饰腰部两侧，隐隐裸露出纤细的腰肢，呈现出华丽的气质。

这是一款抹胸短款小礼裙，胸前以交叉领的手法装饰，再将交叉中心装饰以白色蕾丝，优雅中又露出丝丝性感的韵味。

玩转色彩设计

单色设计

双色设计

三色设计

精彩作品欣赏

3.2.2 嵌条

嵌条多用在服装的缝隙、肩部及门襟处的用衬，也有些服装设计将其用来装饰。嵌条在服装设计中也能够起到水洗后防止褶皱的定型作用。

嵌条辅料的服装设计

R G B=215-196-183
CMYK=19-25-26-0

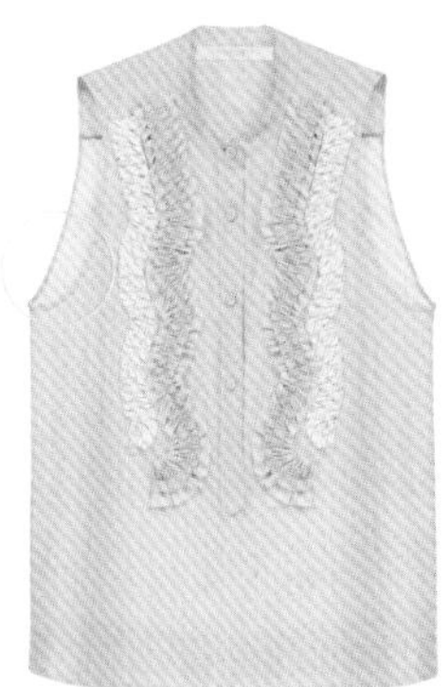

这是两件女士服装，前者是以嵌条做装饰，后者是以嵌条封边和起到固定的作用。

R G B=245-245-245
CMYK=5-4-4-0

设计理念：这是一款雪白的连衣裙。设计者将嵌条装饰在裙身上半部，以米字交叉样式演绎着纯白的诱惑感。

色彩创意：白色纱质面料搭配白色的蕾丝，甜美浪漫中更添加一丝清甜的少女气息。

白色短裙搭配肉色网格高跟鞋，能够将脚步线条展现得更加完美，亦能拉伸身材，使得整体显得更加优雅。

设计技巧——服装的色彩展现

在大多数服装设计中嵌条是必不可少的，多运用在高档时装和西装设计中。

白色无袖上衣将腰间两侧搭配双层纱边，呈现出飘飘欲仙的感觉。服装边口采用白色嵌条固定服装形态，将服装塑造得整体有型。

这是一款以嵌条为肩带的短款上衣，橘红色与蓝色互补搭配，将服装塑造出异域风情的韵味。

玩转色彩设计

双色设计

三色设计

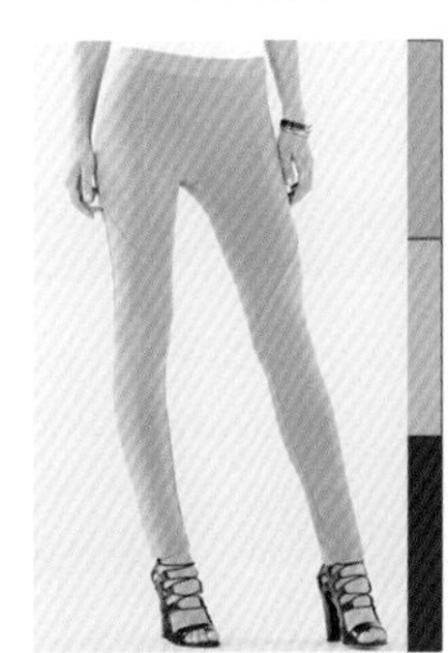

多色设计

精彩作品欣赏

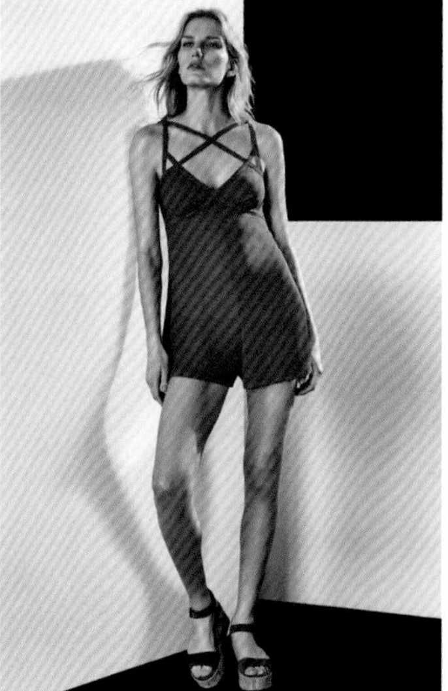

3.2.3 饰品

服装饰品逐渐成为了服装表现的延伸，也是为了凸显服装亮丽之外不可缺少的部分。服装饰品除了鞋、帽以外就是一些配饰，是为了烘托出更好的搭配效果，种类繁多。

饰品辅料的服装设计

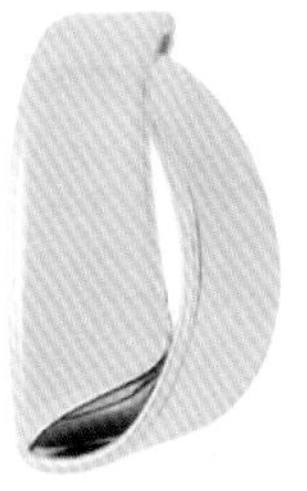
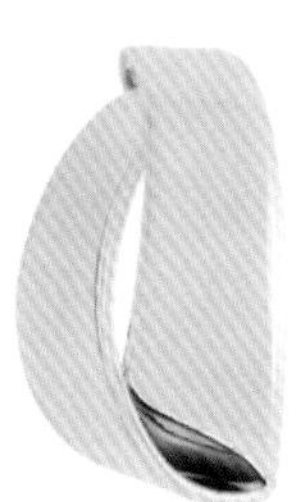

服装除了搭配一件颈部配饰，还可搭配一对简洁的耳饰，可以增添一丝时尚感。

RGB=211-227-232 CMYK=21-7-9-0	RGB=235-205-213 CMYK=9-25-10-0	RGB=238-160-29 CMYK=10-46-89-0	RGB=189-33-35 CMYK=33-98-99-1

设计理念：这是一款波西米亚风的夏季套装，宽松的设计是为了凸显出穿着时的凉爽感，再搭配相应风格的项链饰品，将服装展现得更加饱满。

色彩创意：蓝色与红色的对比可以突出服装色彩的鲜明性，竖型条纹的设计不仅能够拉伸身材，更能将赘肉隐藏起来。

白色条纹高跟鞋的搭配为服装塑造出时尚风。

设计技巧——裙子长短所凸显的气质

裙装是每个女生实现公主梦的装扮。裙装又可分为连衣裙、腰裙和衬裙，其中连衣裙是最简单的时尚装扮，可以轻松解决搭配的烦恼。

长裙最能掩饰腿粗的缺点，长裙也能烘托出气质，让你显得更加高贵时尚。要是担心自己的个子不高，也可以选用中长款，也是很不错的选择哦。

清新是夏季着装的主题，短裙在夏季穿着不仅会感觉舒适凉爽，更能凸显个性。

玩转色彩设计

双色设计	三色设计	多色设计

精彩作品欣赏

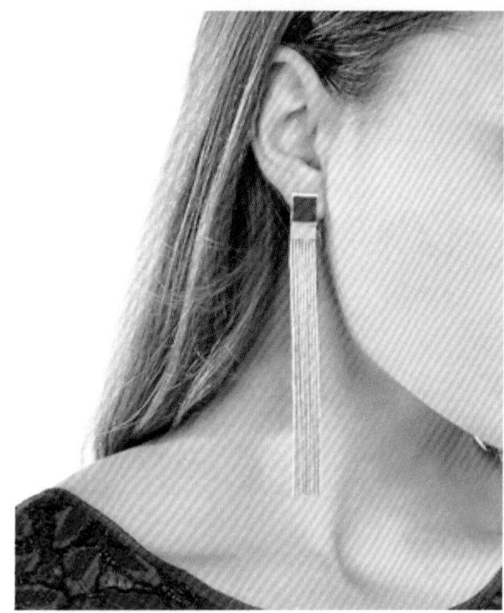

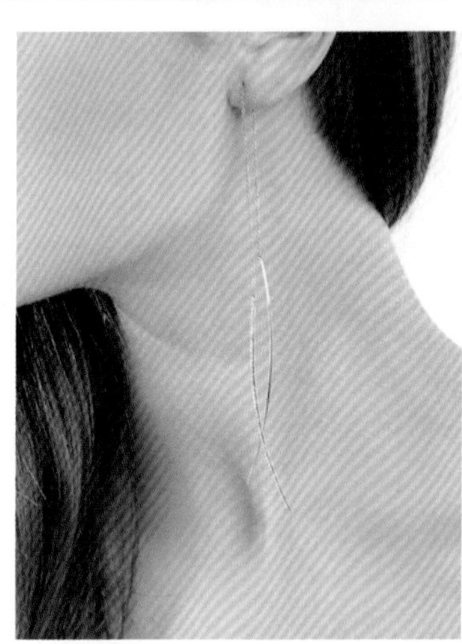

3.2.4 垫肩

垫肩是肩部造型的重要辅料，也能使肩部更加浑厚、饱满，可以增强肩部线条，令肩部看起来更加平衡。

垫肩辅料的服装设计

女士西装和男士西装的垫肩设计：

R G B=243-229-222
CMYK=6-13-12-0

R G B=208-22-48
CMYK=23-99-83-0

设计理念：垫肩主要设置在西装肩部，主要是为了不让肩膀处塌下，能够让肩膀处更加平整、好看。

色彩创意：浓烈热情的红色西服套装，散发出成熟的魅力，又不失帅气。

红色的西服套装搭配白色衬衣，醒目又不失稳重，又能凸显出穿着者动人的曲线。

设计技巧——多色西装的变化

垫肩设计可以让女人变得更加英姿飒爽，让男人变得更加帅气。垫肩可以让穿着者线条修长，更能塑造整体的立体感。而垫肩运用得最多的地方就是西服。

西装最讲究流畅的线条，橘红色的内衫搭配黑色西服套装，以突出的色彩塑造出整体的时尚、华丽感。

黑色衬衣与西裤搭配白色西服，将整体塑造得优雅有气质，也使得穿着者魅力尽现。

玩转色彩设计

三色设计

三色设计

三色设计

精彩作品欣赏

3.2.5 围巾

围巾是一块围在颈部的面料，围巾的形状可分为长方形、三角形、方形和其他造型。围巾通常用于保暖，现在，围巾也多用于美观性的装扮。

围巾辅料的服装设计

除了素雅的围巾外，还可以搭配这两款围巾。纱巾可以装扮出淡雅的气质，蓝色的围巾则可以装扮出名族风的韵味感。

R G B=239-234-227
CMYK=8-9-11-0

R G B=224-204-178
CMYK=15-22-31-0

设计理念：这是一件两用的围巾，既可以作为披肩又可以作为围巾。

色彩创意：素雅的淡褐色与白色条纹交织，营造出一种极简的时尚感。

黑色的紧身裤、白色的上衣、淡雅的围巾整体结合，搭配出休闲、舒适感。逛街时很适合这样的装扮。

设计技巧——百搭的围巾

围巾在时尚界不仅是保暖的物件，各种风格样式的围巾在时尚界更是一件百搭的饰品，是每个女人必备的服装饰品。

色彩鲜明的围巾搭配波西米亚风的长裙，给人的视觉带来强烈的冲击。

围巾与饰品综合搭配装点服装，让穿着者瞬间变得超凡脱俗。

玩转色彩设计

双色设计

多色设计

多色设计

精彩作品欣赏

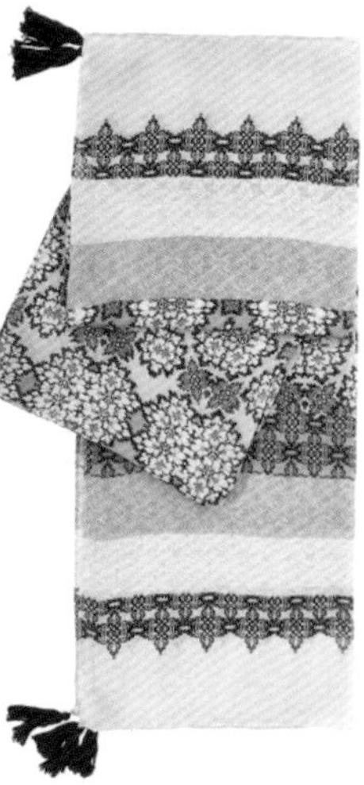

3.2.6 腰带

腰带是用于束腰和束裤的带子。现今腰带已经成为一种时尚，就连男士的腰带也已经延伸到了实用性之外的时尚，女性腰带也如此，而且运用更加繁多。

腰带辅料的服装设计

军绿色的套装去掉宽大的腰带，搭配上一条细带花纹开口的腰带可以让过于严肃的服装增添一丝动感。

R G B=115-99-74
CMYK=61-60-74-12

R G B=51-50-54
CMYK=80-76-69-44

设计理念：军绿色的套装搭配黑色腰带，轻松系出煞爽的精神气。

色彩创意：黑色本就有“收缩”的作用，将黑色的腰带塑在腰间，可以显得腰部更加纤细。

一件简洁大方的连体短裤用一条编织宽腰带勾勒曲线，将上下身比例完美的分割。

设计技巧——腰带的时尚装饰

夏季服饰中的腰带也是重要的搭配，无论是裤装还是裙装都能装扮出 S 曲线形，连衣裙搭配上腰带，更是轻松装扮出 S 形，也能显得高挑。

雪白镂空连衣裙塑造出浪漫的气息，再以编织的肉色腰带束腰，以白色的外套和鱼嘴高跟鞋装扮出时尚柔美感。

A 型无袖雪纺裙搭配黑色的宽腰带和高跟鞋，令穿着者看起来既有纯净的韵味，又有率性的干练感。

玩转色彩设计

双色设计

三色设计

多色设计

精彩作品欣赏

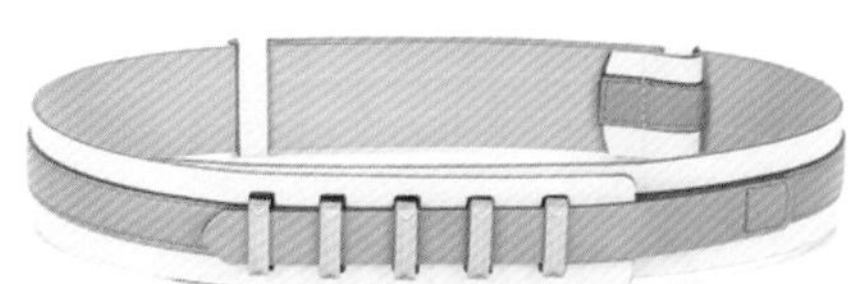

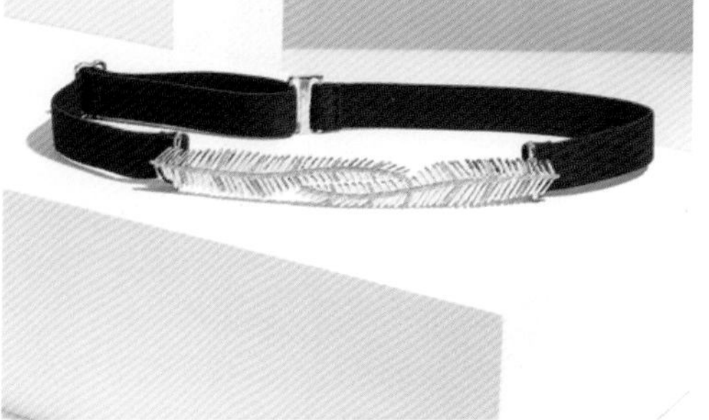

3.2.7 拉链与纽扣

拉链分为三类：尼龙拉链、树脂拉链和金属拉链。纽扣最初是用来装饰的，现在纽扣是衣襟两侧链接的物品，纽扣可分为天然类和化工类两种。

◎ 拉链与纽扣辅料的服装设计

不同风格的夹克：

R G B=240-240-240
CMYK=7-5-5-0

R G B=18-17-18
CMYK=87-83-82-71

设计理念：该服装是一件黑白搭配的短夹克，以拉链开合，整体简洁舒爽。

色彩创意：白色的外套搭配黑色短款上衣和黑色短裙，营造出英朗又有点小香风的韵味。

服装外翻领与衣袖两侧绘有黑色花纹，给素雅的白色服装增添了一抹活力。

◎ 设计技巧——帅气的朋克风

在冷天搭配一件帅气的外套，轻松塑造出欧美街头范，很受有个性的女孩的喜爱。

这是一件非常帅气的服装，除了服装前胸与衣袖下部以外均装点上亮片，将服装塑造得高贵时尚。

流苏皮夹克可谓惊艳，将女性的柔美与极具中性的帅气融合在一起，营造出潇洒干练的风情。

玩转色彩设计

双色设计

多色设计

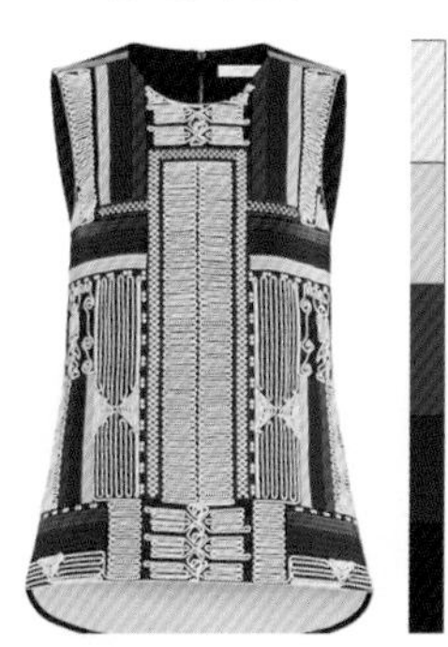

多色设计

精彩作品欣赏

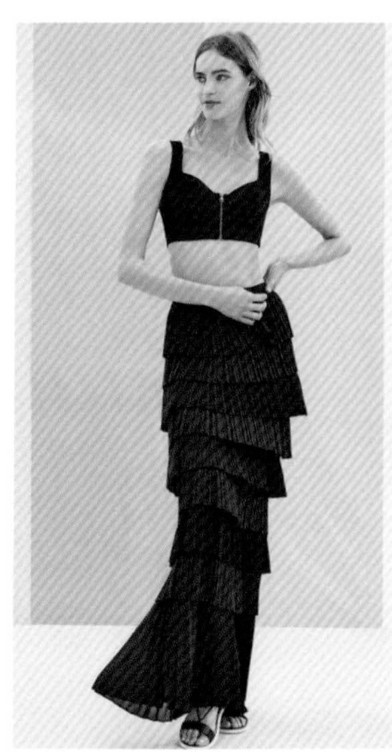

3.3 剪裁

服装剪裁方法可分为立体剪裁和平面剪裁。剪裁按照制图技巧可分为比例分配和原型剪裁。

立体剪裁是区别于平面剪裁的一种裁剪方法，可以说是在模特上剪裁。

平面剪裁是以人体所测量的尺寸为依据，在平铺的纸上剪裁。

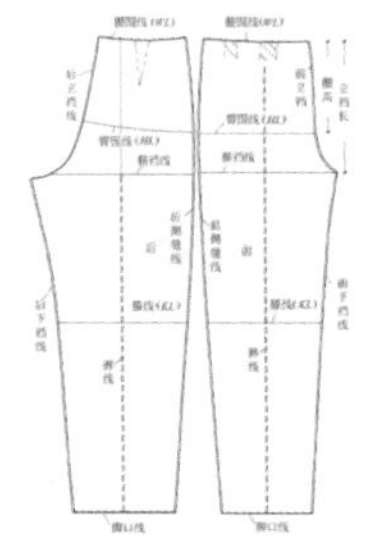
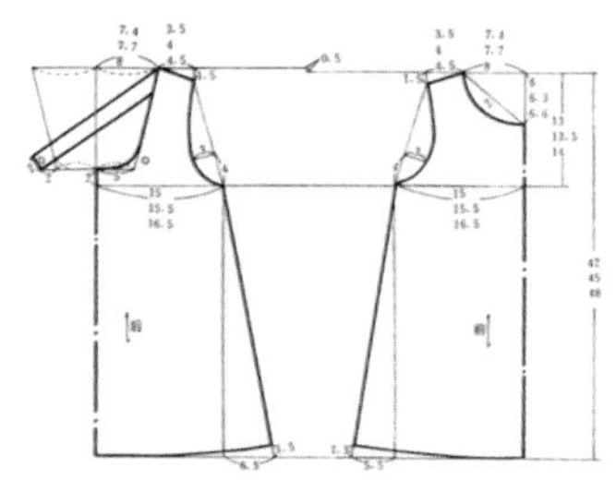

比例分配是对人体部位进行衡量计算，定出各部位的尺寸，是国内服装行业使用最广泛的方法。

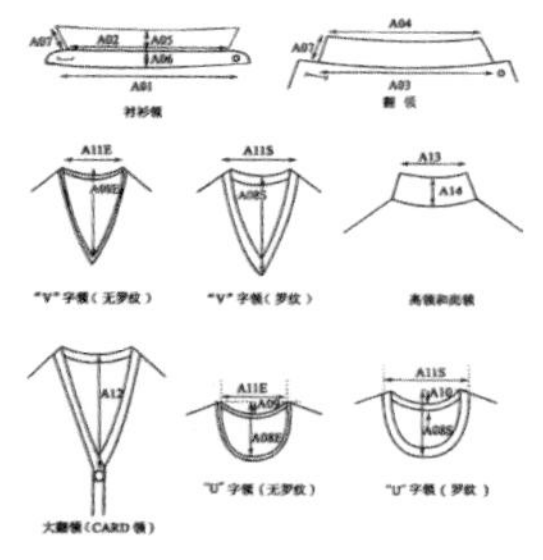

原型剪裁是按照人体基本部位绘制出纸样，再通过折叠、分割等变化绘制出最终的服装样纸。

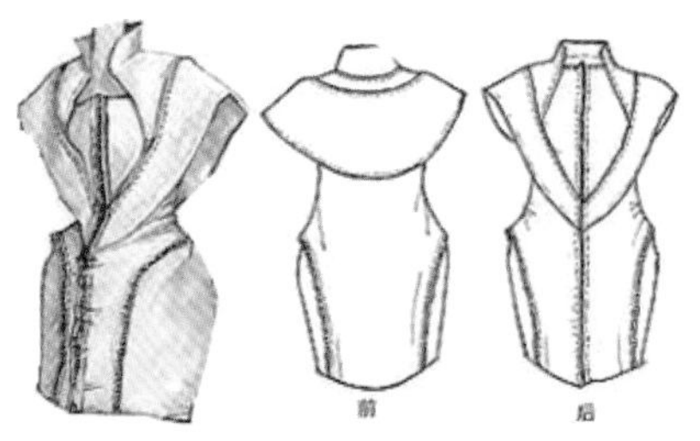

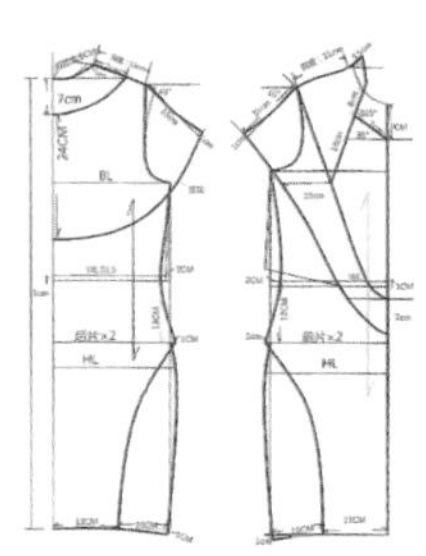

3.3.1 立体剪裁

立体剪裁是一种造型手法，在操作过程中可以一边设计，一边剪裁和改进，可以解决平面剪裁中难以解决的问题。立体剪裁有五个优势：直观性、实用性、灵活性、适用性和正确性。

立体剪裁设计

立体剪裁的好处：

- 立体剪裁是一种具象制作，具有较高的直观性。
- 立体剪裁有助于使服装设计更完善。
- 直接对布料进行操作，能在服装造型上表达得更为多样化。

R G B=146-20-34	R G B=46-73-102	R G B=247-248-247	R G B=22-31-33
CMYK=46-100-98-17	CMYK=89-74-48-11	CMYK=4-2-3-0	CMYK=88-79-76-61

设计理念：皮草不能单单与奢华联想在一起，它更贴合现代时尚文化。

色彩创意：运用红色与蓝色的对比构成强烈的视觉冲击。

上轻下重的形体将女性的身材完美地展现出来。

设计技巧——裙子长短对比

服装艺术是穿在身上的艺术，而服装的立体剪裁能够帮助设计师关注结构的整体性，能够让塑型效果一目了然。

露腰小短裙，在显瘦的同时又能够凸显腿长，让穿着者显得更加高挑。适合腰间无赘肉的女孩穿着。

贴身露腰连衣裙，有气质又有女人味，装扮出性感名媛范。

玩转色彩设计

双色设计

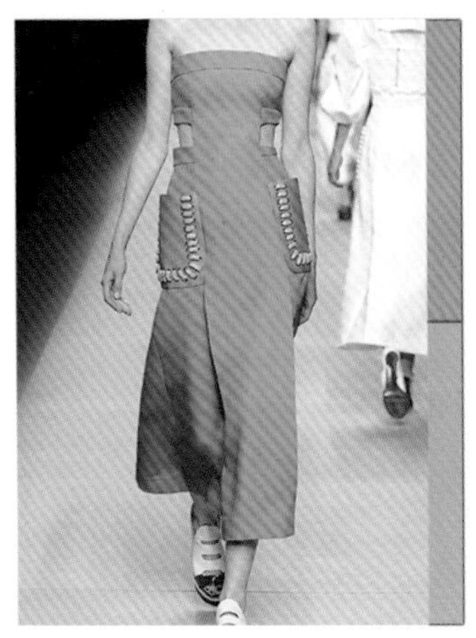

三色设计

多色设计

精彩作品欣赏

3.3.2 平面剪裁

平面剪裁也是平面构成，制作简洁，应用也较为广泛，具有很强的理论性。

平面剪裁设计

平面剪裁的好处：

- 具有较强的操作稳定性。
- 尺寸较为稳固。
- 具有较强的理论性。

R G B=237-182-164
CMYK=8-37-32-0

R G B=83-40-36
CMYK=61-84-82-46

R G B=177-177-179
CMYK=36-28-26-0

R G B=80-61-73
CMYK=73-77-61-27

设计理念：毛衣搭配西裤，既保暖，又有一定的时尚感。

色彩创意：采用色彩的互补来凸显毛衣的鲜明个性。

休闲保暖的装扮搭配清爽的凉鞋，整体塑造出个性、时尚的帅气感。

设计技巧——平面剪裁的立体化应用

平面剪裁与立体剪裁兼用，用立体剪裁法直接造型，再用平面的剪裁法直接剪裁。这样就可以解决平面难以解决的立体问题，可以加快剪裁的速度，又能达到很好的效果。

这是一款斗篷袖的娃娃服，选用的是丝绸材质的面料，既保暖又呈现高贵的气质。

丝绸短袖连衣裙搭配八分袖的条纹 T 恤，塑造出充满活力、富于个性的少女情怀。

玩转色彩设计

双色设计

三色设计

多色设计

精彩作品欣赏

3.3.3 比例分配剪裁

比例配置剪裁是按照人体部位进行测量，精准度较高，计算也是通过比例进行的，初学者很容易掌握。

比例分配剪裁设计

下面展现的是一些皮草面料：

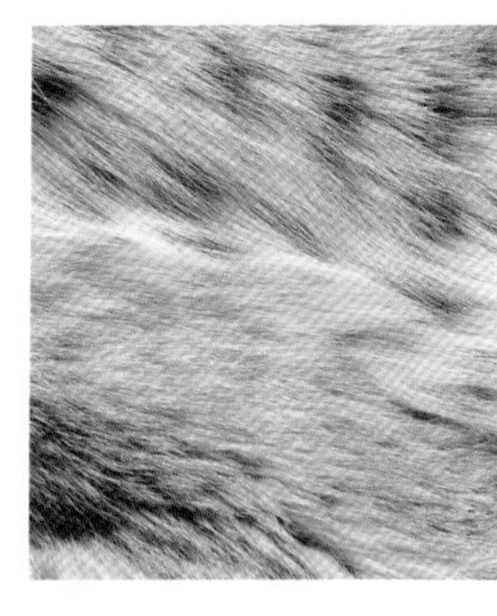

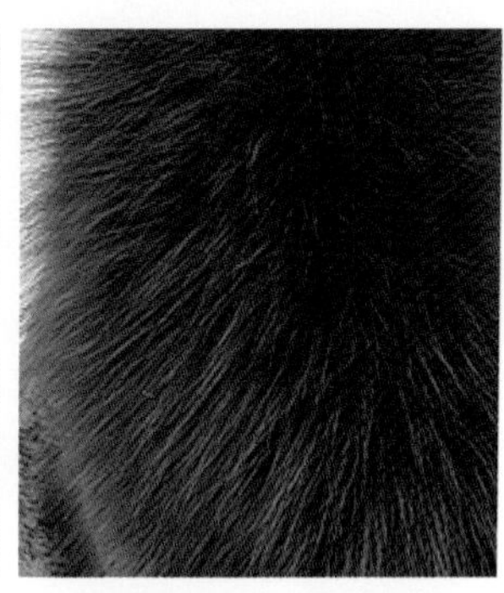

R G B=253-253-253	R G B=74-53-86	R G B=186-208-231	R G B=9-5-6
CMYK=1-1-1-0	CMYK=79-87-51-19	CMYK=32-14-6-0	CMYK=89-87-86-77

设计理念：拼色的皮草外套，柔软舒适，营造出高贵的气质。

色彩创意：白色、蓝色、紫色和黑色拼搭装扮，塑造出淡雅高贵的气质。

建议偏厚的皮草搭配紧身铅笔裤，再搭配长筒高跟靴，塑造出一双细长的美腿，又很保暖。

设计技巧——色彩比例划分

比例分配剪裁首先画横向基础线，再画竖向基础线，最后斜向基础线，层次极为清晰。服装的色彩搭配也十分巧妙，上深下浅能够突出端庄恬静感，上浅下深能够突出明快开朗的效果。

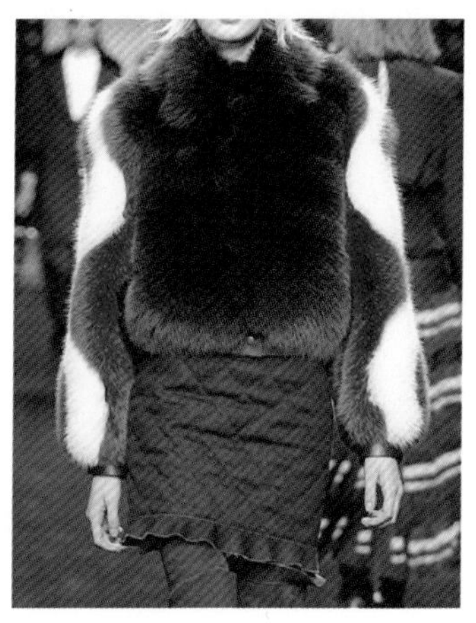

皮草上衣搭配棉质网格短裙，塑造出个性十足的女人味。皮草两袖采用白色与紫色装点突出服装的明亮性，下身的深色更能将人显得纤瘦。

黄色与紫色互补，在视觉上给人一种神秘、迷幻的感觉。

玩转色彩设计

双色设计

三色设计

多色设计

精彩作品欣赏

3.3.4 原型剪裁

原型剪裁操作方便，无需繁杂的计算，原型裁剪也是如比例分配裁剪一样，按人体基本部位的尺寸绘制基本图纸，再拼接、折叠、扩展，绘制成最终的成果。

原型剪裁设计

设计技巧——外衣的风格塑造

风衣与夹克是衣柜里必不可少的百搭单品，随性又凸显风度，非常有男士魅力，很适合型男气质。

黑色的衬衣搭配黑色的短款皮裤，再搭配灰色中长款外套，塑造出霸气的气息，让男人更加稳重成熟。

白色衬衫和黑色短裤搭配花色的夹克外套，帅气迷人。

玩转色彩设计

双色设计

三色设计

多色设计

精彩作品欣赏

OK读书笔记
Reading notes

服饰风格

服饰可以展现视觉效果，还可传递出人的态度和情绪。服装的样式众多，服装的形态、用途、制作方法和材料的不同，服装所表现的风格和特色也是千变万化的。流行的服饰风格主要包括自然风格、中性风格、OL 风格、欧美风格、韩式风格、田园风格、民族风格、英伦风格、波西米亚风格和礼服。

4.1 自然风格

自然风格的服装设计又可称为随意型风格、运动风格。标准的自然型服装通常给人亲切、随意、轻松、潇洒和大方的自然感觉，穿着者也会感觉舒适。该风格的服装色彩也倾向于自然柔和，塑造出惬意随和的视觉感。

4.1.1 率真的自然风格服装设计

R G B=252-252-252
CMYK=1-1-1-0

R G B=18-18-18
CMYK=87-82-82-71

设计理念：长袖T恤搭配紧身牛仔裤，简约又具有时尚大气感，衣服胸前黑色标志的点缀彰显街头的潮流风范。

色彩创意：白色T恤搭配黑色裤子给人眼前一亮的感觉，简约却不失美感。

建议穿着时搭配单肩背包和黑色圆盘帽，能够塑造出个性时尚的气质。

设计技巧——清凉的装扮

夏季短裤是经典的穿着打扮，想要装扮得更加清凉，就要搭配宽松的上衣，不仅可以呈现出清爽感，更显得独具个性。

交叉V领的灰色T恤搭配浅蓝色的短牛仔裤，野性十足，又强调出了个人的时尚品味。

土黄色的T恤搭配蓝色的短牛仔裤，再将T恤随意地放入裤腰内，增添简约、随性的时尚感。

4.1.2　清爽的自然风格服装设计

这是一件以清爽的白色为主色的服装设计，更有一种率真感。

R G B=243-242-238 CMYK=6-5-7-0	R G B=145-118-109 CMYK=51-57-55-1	R G B=0-20-75 CMYK=100-100-61-29

设计理念：喇叭袖的上衣搭配不规则的短裙，塑造出清爽可爱的小女人韵味。

色彩创意：白色的上衣搭配蓝色的裙装，非常素净文雅。

穿着这款服装时建议搭配一双尖头的细高跟鞋和细带单肩包，可以塑造出气质优雅的淑女风范。

设计技巧——一字肩秀出你的气质

一字肩上衣在潮流圈已经占有一席之地，不仅能够凸显肩部的性感，更能让穿着者看起来更加纤细。

将条纹一字肩的服装随意地放入肉色短裤的裤腰内，秀出迷人的小香风气质。

清新干净的条纹上衣，经典时尚又彰显气质，蓝色超短裤不仅能够展现出腰部曲线，更能从视觉上拉长腿部线条。

玩转色彩设计

双色设计

三色设计

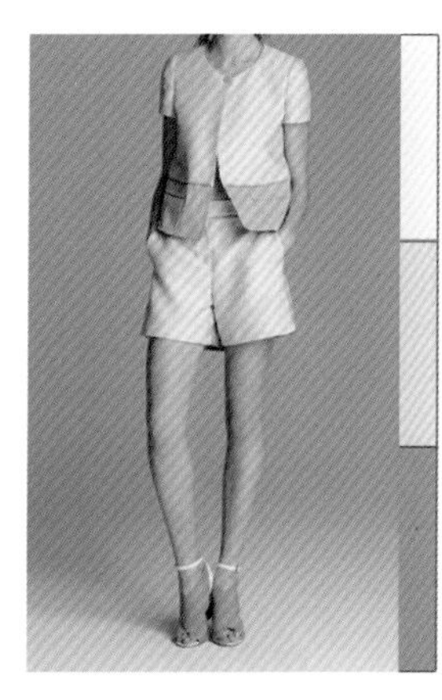

三色设计

精彩作品欣赏

4.2 中性风格

中性风格服装已经成为新的潮流，中性风格的服装没有显著的性别之分，男女皆适合。中性服装可以呈现出自信无邪的性感，使穿着者散发出冷静自我的刚柔并济感。

4.2.1 明亮的中性服装设计

中性 T 恤设计欣赏：

R G B=238-238-238
CMYK=8-6-6-0

R G B=115-38-44
CMYK=53-93-82-31

设计理念：T 恤搭配七分短裤，将女性轻灵的阴柔美完美地诠释出来。

色彩创意：红色服装本是妖娆的代表，本款服装的深红色上衣搭配白色短裤，塑造出干净沉稳的含蓄感。

穿着这款服装时建议搭配棕黑色，更显得英姿飒爽。

设计技巧——气派的中性装

无论是男士服装还是女士服装，都越来越多地借鉴中性服装特征，另类的装饰美化服装，塑造出突出而不俗的气质。

白色宽松的中性装扮，简单大方，使穿着者轻松舒爽。

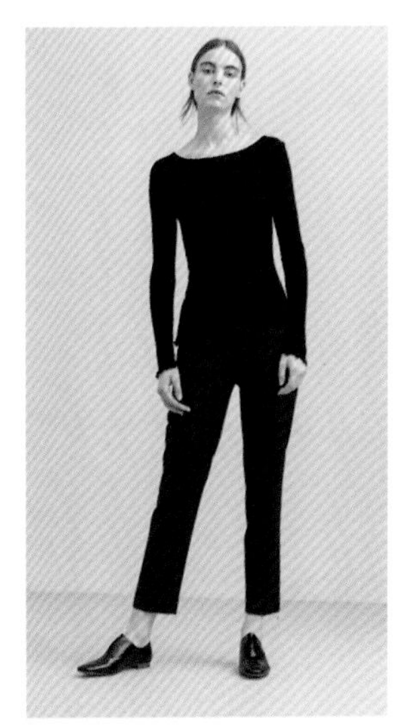

黑色的中性套装搭配黑色的皮鞋，呈现出孤傲冷峻的帅气感。

4.2.2 明朗的中性服装设计

粉色的上衣还可以搭配一条卡其色长裤，一样可以装扮出女士的中性范。

R G B=222-179-171
CMYK=16-36-28-0

R G B=159-142-117
CMYK=45-45-54-0

设计理念：中性风的上衣搭配剪裁独特的七分裤，让女性刚柔并济，散发出非同寻常的迷人气质。

色彩创意：灰粉色搭配卡其色，将甜美与帅气完美地融合在一起，展现出俏皮的魅力。

俏皮、清新、舒爽的中性打扮，展现出率真随性的魅力。

设计技巧——中性服装的色彩

中性服装设计由形、色、质组合而成，相同造型搭配不同色彩也会呈现出不同的视觉感受。

玩转色彩设计

紫色的上衣搭配橘红色裤装，不仅使色彩构成鲜明的对比，又起到相互协调的作用。

蓝色上衣与卡其色的裤子搭配得十分协调，心情似乎也随之跳跃起来。

单色设计

双色设计

三色设计

精彩作品欣赏

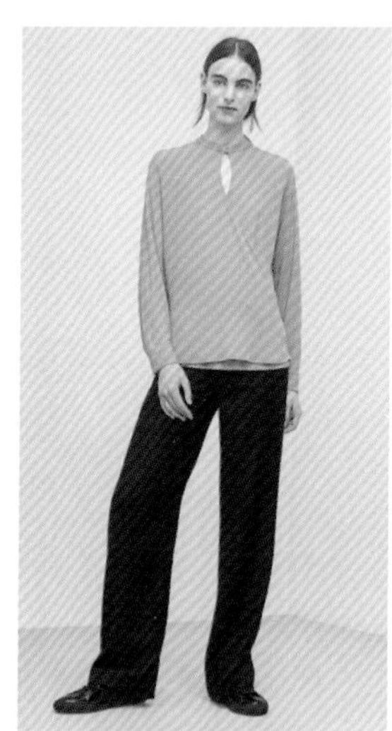

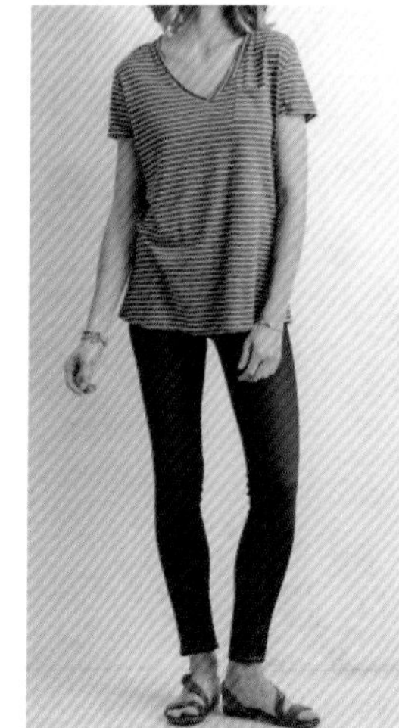

4.3 OL 风格

OL 风格服装是职业女性的所爱，OL 风的裙装和 OL 风的裤装都可以让职业女性拥有时尚、前卫感，更能凸显出完美的身材。下面来看看摒弃沉闷、充满个性味道的 OL 风格的服装搭配吧！

4.3.1 性感的 OL 风格服装设计

OL 风格的裙装不是只有黑色裙装，下面所展现的是黑色衬衫搭配白色紧身裙，塑造出职业女性的干练成熟感。

R G B=242-239-244 CMYK=6-7-2-0	R G B=232-76-53 CMYK=10-83-79-0	R G B=68-22-25 CMYK=63-91-84-57	R G B=59-53-53 CMYK=76-74-71-43

设计理念：将 T 恤放入 OL 风的裙腰内，紧身的设计将纤细、凹凸有致的身材完美的诠释出来。

色彩创意：气质独特的黑白色彩搭配，简约性感的装扮，很适合具有成熟魅力的女性。白色的短袖衫，黑色的紧身裙，再搭配一双高跟鞋和红色的手提包，整体展现出都市职业女人的魅力感。

设计技巧——靓丽的装扮

女人仅靠天生的气质是不够的，要凭着内心的自信和时尚的服装搭配，将自己的个人魅力完美地展现出来，搭配出气质不凡的脱俗感。

这是一款黑白搭配的女性服装。白色纱纺的上衣将手臂与腰部若隐若现地呈现在眼前，透露出一种骨感美，再搭配宽松的阔腿裤和高跟鞋，呈现出高挑的清爽感。

蓝白条纹套装搭配中跟高度的高跟鞋，整体统一的色彩搭配形成完美的和谐感，能够给穿着者带来色彩的亮丽感。

4.3.2　帅气的 OL 职业裤装设计

同系列的西裤套装设计欣赏：

R G B=231-220-200
CMYK=12-15-23-0

R G B=73-69-70
CMYK=74-70-66-29

R G B=147-88-75
CMYK=49-72-70-8

R G B=36-32-31
CMYK=81-79-78-61

设计理念：这是一款简约修身的套装，简洁、干练。

色彩创意：简约修身的灰黑色西装套装，里面搭配白色小衫，再搭配一双经典的黑色细高跟鞋，不仅凸显身材，还超有帅气的风范。

西裤套装搭配银色的单间背包和丝巾，时尚优雅，给人焕然一新的感觉。

● 设计技巧——气质优雅的套装

与浪漫飘逸的裙装相比，裤装显得更加出众非凡，能够让职业女性在职场平添几分优雅的帅气感。

卡其色的紧身裤装搭配白色上衣，优雅感十足，丝巾领的添加使设计充满时尚感。

干练的黑色西裤搭配白色西服，凸显成熟、帅气的优雅气质。

玩转色彩设计

双色设计

三色设计

多色设计

精彩作品欣赏

4.4 欧美风格

欧美风格的服装设计较为随性，更偏向于街头类型装扮，同时也十分讲究色彩搭配。欧美风格的装扮具有潮流、时尚、怀旧、复古的特点，使穿着者显得更加高挑。

4.4.1 棉布面料服装设计

这是两件同种面料的服装，立体装饰手法的巧妙处理使服装显得精巧且非常富有女性化特点。

R G B=186-132-137 CMYK=33-55-38-0	R G B=79-98-237 CMYK=78-64-0-0	R G B=190-0-31 CMYK=33-100-100-1	R G B=21-19-23 CMYK=87-84-78-69

设计理念：大气的风衣搭配破旧牛仔裤，体现出舒适慵懒的惬意感。

色彩创意：红灰色与浅蓝色的结合装点出素雅沉稳的色彩感。

大气的风衣搭配俏皮的牛仔裤，再搭配手提包，使休闲风格的搭配更添时髦味。

设计技巧——潮流裤装

一提到欧美服装就自然而然地想起野性、张扬等词汇。随着生活水平和文化素质的提高，人们的穿衣打扮水平也不断提升。下面来看一看欧美风格的潮流裤装。

中性风格的裤装一直受到欧美时装设计师钟爱。军绿色的裤装搭配一双高跟鞋，再搭配一个红色的手提包，很适合街拍，流行又时髦。

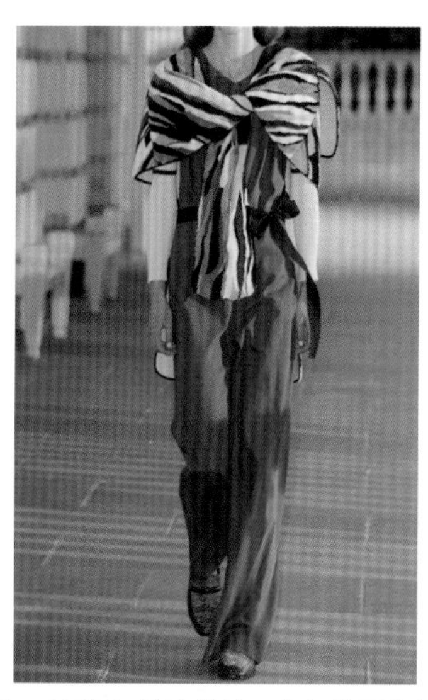

这是一款蓝色的连体裤，肩部搭配条纹丝巾，再在腰间饰以黑色蝴蝶结，简洁利落，又不失俏皮感。

4.4.2 复古风的欧美服装设计

彩色条格的外套不仅可以搭配黑色裤装，也可以搭配黑色的连衣裙。如下面两种裙装，搭配上彩色条格外套，能够给人的视觉带来很大的冲击。

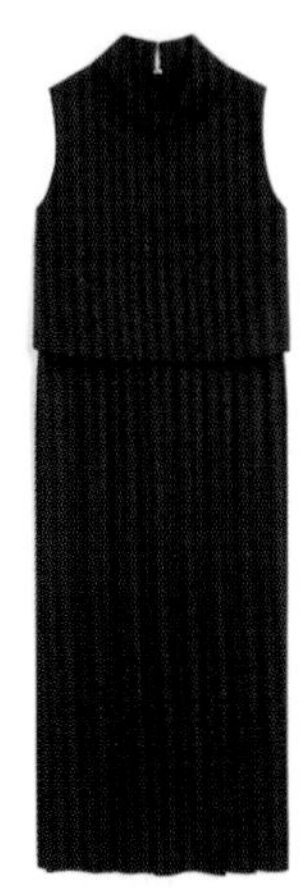

RGB=198-154-25 CMYK=30-43-96-0	RGB=17-101-148 CMYK=88-60-29-0	RGB=5-51-67 CMYK=96-79-62-37	RGB=13-14-32 CMYK=95-94-71-63

设计理念：结合自身特点和视觉审美量体裁衣，给人以强烈的视觉冲击。

色彩创意：采用高纯度的色彩，营造出迷情的绚丽感。

设计师别出心裁地打破裤型设计传统，以俏皮的样式给服装设计带来了创新。

设计技巧——巧妙的运用黑色

虽然黑色不如亮色那样出挑，但黑色的服装适合各种季节、场合，更能容纳各种性格，总是会让人爱不释手。

黑色的底色搭配红色的印花，很适合夏季的热情感，再搭配一双清凉的黑色高跟鞋，会让穿着者成为众人中的焦点。

这是一款黑色裙装，不仅修身，更能突出黑色的经典感。

玩转色彩设计

双色设计

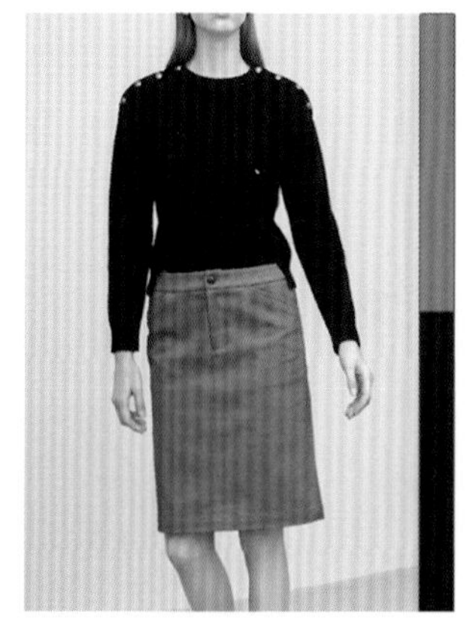

三色设计

多色设计

精彩作品欣赏

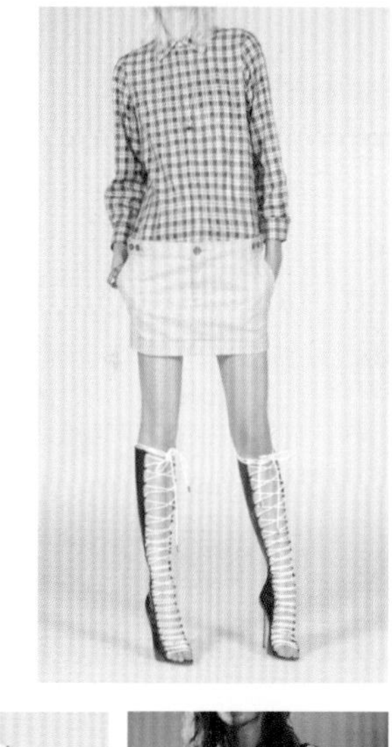

4.5 韩式风格

韩式风格以独特的明暗对比来彰显品位，通过面料与色彩对比，再加上丰富的款式来突出冲击力。而经典韩装淡淡的纯色、贴身的剪裁和精细的做工，让人感觉更加惬意舒适。

4.5.1 奇异的韩式服装设计

下面是一件与左侧一样设计手法奇异的服装，腰两侧的蝴蝶结和独特的裙摆恰到好处地凸显出服装的新颖感。

RGB=253-253-253	RGB=33-48-87	RGB=53-70-139	RGB=144-103-81
CMYK=1-1-1-0	CMYK=95-91-49-19	CMYK=89-81-22-0	CMYK=51-64-69-6

设计理念：韩式长裙采用不规则、不对称的样式，使穿着更有动感。

色彩创意：在夏季选择一抹白色给人带来清爽的感受，再搭配冷色调的蓝色更能给人带来阵阵清凉。

白色与蓝色融合的裙装，搭配白色休闲鞋，非常素净文雅，穿着也更加舒适。

设计技巧——甜美舒适的裙装

标新立异的裙装搭配设计能够给追求时尚的女性带来惊喜，更给夏日带来新鲜的视觉感受。

一字肩上衣搭配白色雪纺高腰裙，散发着清爽迷人的气质。

黑色花边领的上衣搭配几何图形的高腰裙，让整体造型不显单调，更能拉长腿部线条。

4.5.2 张扬的韩式服装设计

左侧白色阔腿裤更加纯净，而下面这条米色的阔腿背带裤在清爽的韵味中增添了一丝可爱感。

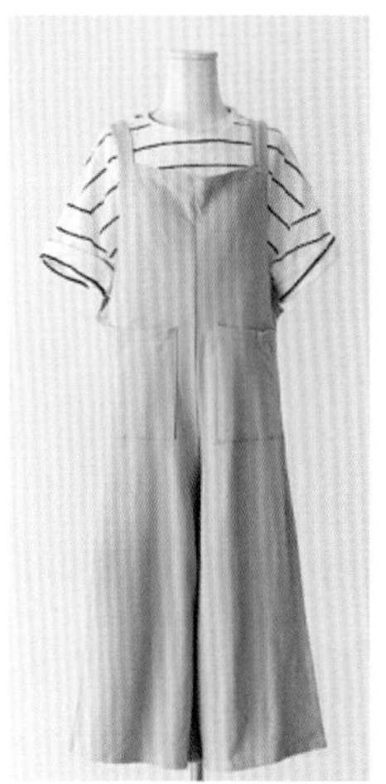

R G B=233-232-237 CMYK=10-9-5-0	R G B=251-61-73 CMYK=0-87-62-0	R G B=251-225-166 CMYK=4-15-40-0	R G B=27-24-35 CMYK=87-87-71-61

设计理念：这是一款张扬的服饰搭配，张扬个性的宽松设计更能在夏季使忙碌的人解放心情。

色彩创意：简单利落的黑白色为穿着者装点出充满活力的青春感。

设计者在袖口与腰边装饰黑白条纹，塑造出青色的学生气息。

设计技巧——简洁的百搭白色上衣

提起韩式风格服装就会使人想起宽松的上衣和破旧的牛仔裤，有一种漫步街头的形象感。其实韩式的短裙装也是极具魅力的，小巧精致，会让人有怦然心动的感觉。

简单的白色衬衫是夏季必备的单品，搭配高腰短裙更加美丽动人。

色彩艳丽的短款包身裙搭配无袖白色T恤，以简单大方的设计轻松呈现出时尚感。

玩转色彩设计

双色设计

三色设计

多色设计

精彩作品欣赏

4.6 田园风格

田园风格的服装设计是近年来较为流行的服装风格，体现崇尚自然、反对复杂的装饰设计理念。田园风格服装设计的样式较为清新、典雅，外加精致细腻的花纹和色彩，均是专属于女性柔美的元素。田园风格的最大特点就是有重复的碎花纹理，深受女性喜爱。

4.6.1 清新的田园风格服装设计

同种花样的半身裙装欣赏：

R G B=235-234-238
CMYK=9-8-5-0

R G B=204-198-63
CMYK=29-18-83-0

设计理念：这是一件修身连衣裙，设计者采用重复的设计手法绘制服装整体风格。

色彩创意：服装是由白色雏菊花重复编织而成，塑造出纯美动人、直抵人心的魅力。

服装分为两个部分，服装外部形式采用镂空样式增添凉爽感，内部的衬里可以将服装的形态更好地固定并起到防透的作用。

设计技巧——服装色彩的和谐感

在服装色彩设计中，一般先选定主色，再选择搭配色，最后选用点缀色，强调出丰富的色彩效果。

嫩绿色轻松地演绎了小清新格调，为夏季增添一抹清凉。

简约大方的草绿色裙装设计，精致的收腰，以及白色雏菊的点缀，精致有型，也显得格外有女人味。

4.6.2 浪漫的田园风格服装设计

黑色无袖上衣也可以搭配红色碎花短裙，在明艳色彩中勾勒出身材的纤瘦感。

R G B=236-233-229 CMYK=9-9-10-0	R G B=142-145-87 CMYK=53-40-75-0	R G B=160-26-46 CMYK=43-100-88-9	R G B=29-38-71 CMYK=95-93-55-32

设计理念：碎花短裙搭配细带背心，知性干练又不失浪漫的风韵感。

色彩创意：蓝色与红色结合的吊带搭配红色碎花短裙，为服装增添精致感和浪漫田园气息。

高腰的设计再搭配一双碎花高跟鞋，可爱俏皮，又透出小女人的味道。

设计技巧——红色服装的对比

田园风格不需要虚拟装饰，以淳朴自然的美感追求自然清新的气象。

鲜艳的红色外套点缀以白色，营造出青春积极的色彩性格。

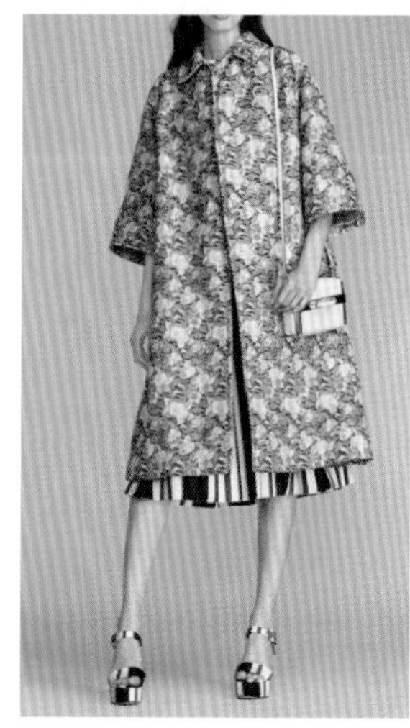

暗红色重复花纹的外套，展现出强烈的浪漫主义色彩，充满宁静、悠然自得的淳朴气息。

玩转色彩设计

三色设计

三色设计

多色设计

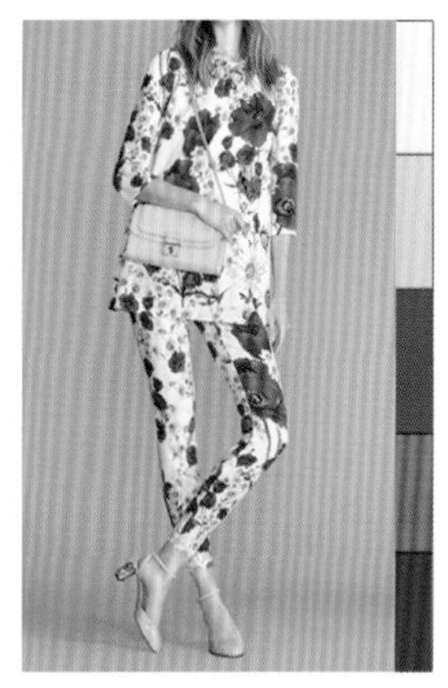

精彩作品欣赏

4.7 民族风格

民族风格服装设计在视觉上能给人以强烈的印象，能够代表本地区的民族风情。民族风格服装具有整体性、文化性和历史性的特征。而服装的图案造型种类也较为繁多，将形式美感与服装完美地结合在一起，更有效地诠释服装的文化内涵。

4.7.1 色彩纷呈的民族风格服装设计

同色系的服装展示欣赏：

R G B=242-238-233 CMYK=7-7-9-0	R G B=194-44-53 CMYK=30-95-82-1	R G B=252-235-70 CMYK=8-7-77-0	R G B=12-71-141 CMYK=96-79-22-0

设计理念：充满神秘魅力的民族风格服饰与复古花样，加上大胆的造型设计，塑造出别具一格的视觉美。

色彩创意：色彩缤纷并不一定会产生花俏杂乱的效果，在民族风里展现得更加协调，也彰显着朝气蓬勃的气息。

宽大的蝴蝶袖以及直筒的裙身，清爽舒适，更能让穿着者在人群中彰显出独特的民族韵味。

设计技巧——出彩的异域风情

民族风格服饰在夏季也很受推崇，缤纷的色彩、独特的图案以及浓烈的异域韵味，让人穿出一种火热的风情。

衬衫领的垂直长裙和红色与墨蓝色拼搭组合，充满复古民族风，增添了优雅沉稳的气质。

以白色为衣边，以红色与蓝色印花为装饰，不规则的衣袖，鲜明的特色，浓郁的色调，塑造出浓郁的情怀。

4.7.2　性感儒雅的民族风格服装设计

RGB=253-253-253	RGB=238-200-57	RGB=5-123-187	RGB=172-41-46
CMYK=1-1-1-0	CMYK=12-25-82-0	CMYK=83-47-12-0	CMYK=39-96-90-5

设计理念：这是一款套装服饰设计，剪裁简洁，富于立体感。

色彩创意：五彩缤纷的色彩组合塑造出异域风的神秘惊艳感。

露脐上衣搭配高开叉半身裙，营造出摩登性感的独特美感。

设计技巧——突破常规的蓝色异域风

民族风格服装的色彩运用较为大胆，不仅能够达到吸引人眼球的效果，更能塑造出崇尚自然美的感觉。

这是一款民族风格的蓝色连体裤，白色的竖条纹令服装散发出度假的休闲感，服装的宽松设计也让穿着者更加舒适、凉快。

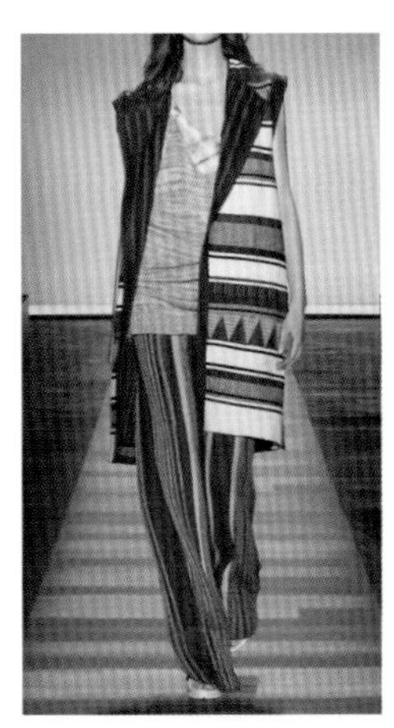

同样是一款异域风情的蓝色套装，修身的马甲搭配肥肥的阔腿裤，呈现出随性又极具层次的精彩感。

玩转色彩设计

双色设计

三色设计

多色设计

精彩作品欣赏

4.8 英伦风格

英伦风格服装设计主要体现为英伦学院风和复古风，而英伦风格最大的特点就是运用大量的格子纹理进行图案设计。英伦风格的男装稳重又不失幽默感，英伦风格的女装端庄、传统又不失优雅感。下面来欣赏一下英伦风格的女装设计。

4.8.1　个性的英伦风格服装设计

下面所展现的是英伦风格的裙装，与左侧的裤装相比多了一丝文艺的韵味。

RGB=248-246-243	RGB=90-138-194	RGB=253-42-47	RGB=8-8-8
CMYK=4-4-5-0	CMYK=69-42-10-0	CMYK=0-91-77-0	CMYK=90-85-85-76

设计理念：服装上身采用白色衬衣与毛衣搭配，下身则是暗花纹的七分短裤，极具中性时尚的个性感。

色彩创意：黑色主打的服装设计采用红色点缀，经典又时尚。

红色高跟鞋和手提包搭配套装又为服装增添一丝女人味。

设计技巧——沉稳的套装

高雅端庄的紧身套装不仅会修饰女性的线条，更能演绎出帅气的英伦风。

白色格子分割黑色套裙，再运用不同色彩的鸽子装饰服装，将女性的知性和优雅诠释出来。

风格简约大气，洋溢着浓郁的英伦风，将时尚感与休闲感完美地结合在一起。

4.8.2 朴质的英伦风格服装设计

下面这件连衣裙借鉴了左侧棋盘格大衣的设计，外加粉色的肩领更能为穿着者减龄。

R G B=252-246-242 CMYK=2-5-5-0	R G B=101-61-33 CMYK=58-76-95-35	R G B=231-189-148 CMYK=12-31-43-0	R G B=22-18-14 CMYK=84-82-86-72

设计理念：宽松的棋盘格大衣富有青春活力，又能显现出典雅感。

色彩创意：黑白棋盘格大衣普通却十分经典，体现轻松休闲感。

独特的苏格兰格纹蔓延着一种浪漫的风情，又充满浓浓的怀旧感。

设计技巧——独特的格纹

格纹是经久不衰的样式，它能反复演绎出革新的魅力感，又能保持优雅态度。

短款无袖格纹上衣搭配修身黑色短裙，将衣服的精美发挥到极致。

不规则格纹短裙搭配透视蕾丝上衣，性感迷人，极为引人注目。

玩转色彩设计

双色设计

三色设计

多色设计

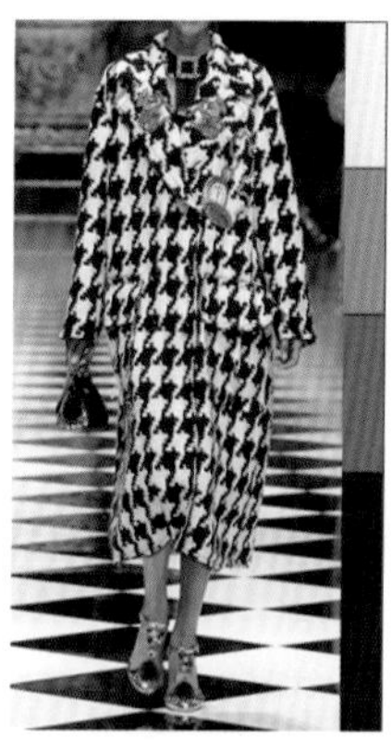

精彩作品欣赏

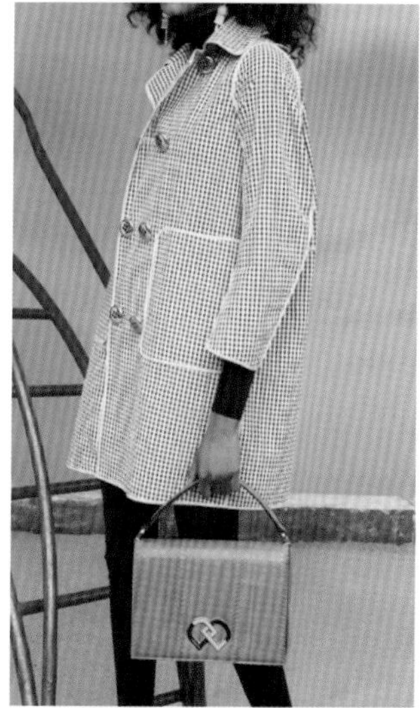

4.9 波西米亚风格

波西米亚风格的服装设计注重服装整体和谐美，又以浓烈的色彩和繁复的设计给人带来一种浪漫、自由的感觉，更以强烈的视觉冲击力增添服装的神秘感。波西米亚风格服装多以印花、镂空蕾丝等图案装饰，增添女性浪漫妖娆的韵味感。

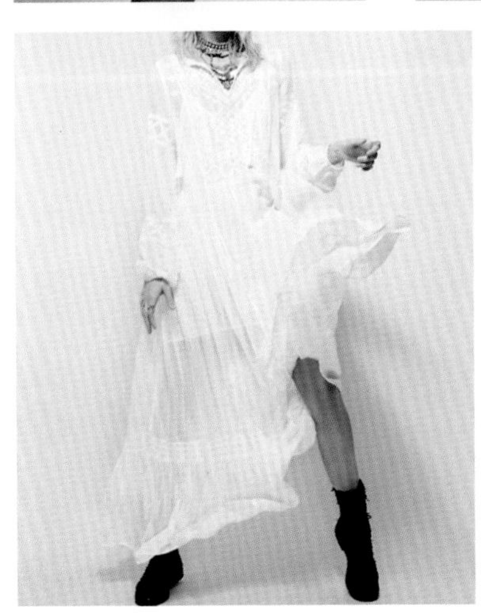

4.9.1 精致的波西米亚风格服装设计

特点：

- 将民族文化的元素合理地融合在一起。
- 将细带与服装融为一体，产生令人耳目一新的异域风情。
- 注重随性自然的装饰，给人强烈的视觉冲击和浪漫感。

R G B=229-218-206 CMYK=13-15-19-0	R G B=30-25-22 CMYK=81-80-82-67	R G B=154-0-25 CMYK=44-100-100-14

设计理念：唯美飘逸的波西米亚风短裙是女生度假时最钟爱的装扮。

色彩创意：象牙色短款真丝连衣裙搭配重复花纹，演绎出清新自然的波西米亚风情。

深色花纹点缀服装，更添柔美风雅感。

设计技巧——迷情的连体短裙

浪漫风情与细致优雅的波西米亚短裙一直很受追捧，尤其是在炎热的夏季，更能彰显靓丽的迷人感。

波西米亚风的连衣短裙搭配金色的脚链，呈现出更加迷人的女性魅力。

土黄色的连衣短裙，以 V 字型蕾丝网装饰袖口、衣领和下摆，极为性感清爽。

4.9.2 棉布面料的波西米亚风格服装设计

特点：

- 复古元素的融合能够给人带来视觉美感，极具吸引力。
- 神秘洒脱的设计提升了服装浪漫的自由感。

RGB=241-243-240	RGB=33-48-73	RGB=195-205-215	RGB=116-137-145
CMYK=7-4-7-0	CMYK=92-85-57-31	CMYK=28-16-13-0	CMYK=62-42-39-0

设计理念：这是一款棉质面料的波西米亚风格上衣。

色彩创意：天蓝色的服装给人宁静清爽的舒适感。

超大褶皱的喇叭袖搭配刺绣花纹，好看又清爽，还能起到防晒的作用。

设计技巧——轻松装扮出洒脱感

独立、自由、洒脱的波西米亚风格服装极具个性，独特的色彩与样式更能塑造出浓烈的艺术氛围。

红色上衣搭配蓝色迷你短裙形成强烈的色彩对比，产生更加明亮的视觉感受。

白色灯笼袖服装上的五彩刺绣搭配蓝色短裤，产生了清爽的艺术气息。

玩转色彩设计

双色设计

三色设计

多色设计

精彩作品欣赏

4.10 礼服

礼服是在重大场合穿着的服装，造型和工艺精美，做工精致，通常裙摆较长，收腰，能展现女性的身材曲线。礼服分为晚礼服、小礼服和裙套装礼服。晚礼服是在晚上八点以后参加活动时穿着的服装；小礼服晚间或日间均可穿着，适宜采用简洁流畅的款式；裙套装礼服是职业女性在仪式、典礼上穿着的服装，多注重端庄优雅。

4.10.1 优雅的礼服设计

不同风格的优雅礼裙欣赏：

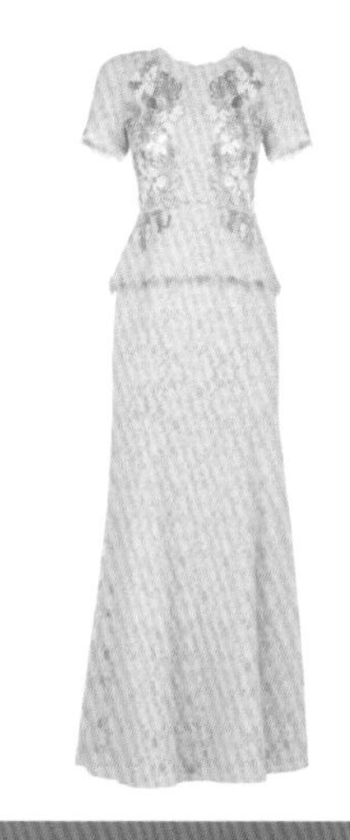

R G B=220-210-197
CMYK=17-18-22-0

R G B=161-146-102
CMYK=45-42-64-0

R G B=187-118-95
CMYK=33-62-61-0

设计理念：这是一款丝绸面料的长礼裙，能够衬托出女人高贵典雅的气质。

色彩创意：清新绿色的一字型礼裙，自然柔美的花纹，将甜美与妩媚融合在一起，增添高贵时尚的魅力。

轻巧舒适的丝绸礼裙很受女性喜爱，清爽又唯美。

设计技巧——惊艳华丽的礼裙

修身长款礼裙很适合身材高挑的人穿着，不仅能够衬托出服装的优美感，更能将身材很好地凸显出来。

尽显女人柔情的鱼尾礼裙飘逸灵动，高贵优雅，更能惊艳全场。

鲜艳亮丽的晚礼服彰显奢华时尚感，更加凸显女性曼妙的身姿，亦能够瞬间打造出女王风范。

4.10.2 异域风情的礼服设计

特点：

- 色彩绚丽，造型别致。
- 以条纹演绎鲜亮的时尚风采。
- 冲击而不冲突的设计手法,更加让人爱不释手。

RGB=232-223-214 CMYK=11-13-16-0	RGB=159-208-208 CMYK=43-7-22-0	RGB=197-161-147 CMYK=28-41-39-0	RGB=226-172-127 CMYK=15-39-51-0

设计理念：这是一款异域风情礼裙。

色彩创意：多色拼搭的礼裙更适合夏季穿着，也突出了异域风情的迷人感。

竖条纹彩色将礼裙拉得纤长，也更能凸显穿着者的纤瘦感。低胸的V领和腿部的高开叉凸显出女性的娇柔性感。

设计技巧——仙气十足的礼服

以蕾丝代替珍珠的奢华感将礼服展现得大气、唯美、优雅又极具“仙气”，很容易将人装扮得清爽怡人。

拖地雪纺蕾丝长裙，既甜美又迷人，亦完美地勾勒出性感婀娜的身姿。

这是一款抹胸礼裙，立体的剪裁将凹凸有致的身材展现得淋漓尽致，外加裸露的锁骨，更显得格外迷人。

玩转色彩设计

双色设计

三色设计

多色设计

精彩作品欣赏

服装的配饰

服装配饰是为服装服务的，根据服装的颜色、风格、材质，搭配相应的配饰，展示出更迷人的气质。往往一个精美的、细致的配色可以为服装起到画龙点睛的作用，能够传递出穿衣者的品位和档次。本章阐述了帽饰、发饰、肩饰、眼镜、首饰、提包、腰饰和鞋等服装配饰在服装整体中的作用。

5.1 帽饰

帽饰是帽子种类及头部覆盖物的统称。女士帽子种类很多，主要有遮阳帽、钟形帽、鸭舌帽、八角帽、布列塔尼帽、水手帽、蒂罗尔毡帽、赛艇帽和无边女帽等。下面详细介绍其中的三种帽饰，分别是八角帽、布列塔尼帽和赛艇帽。

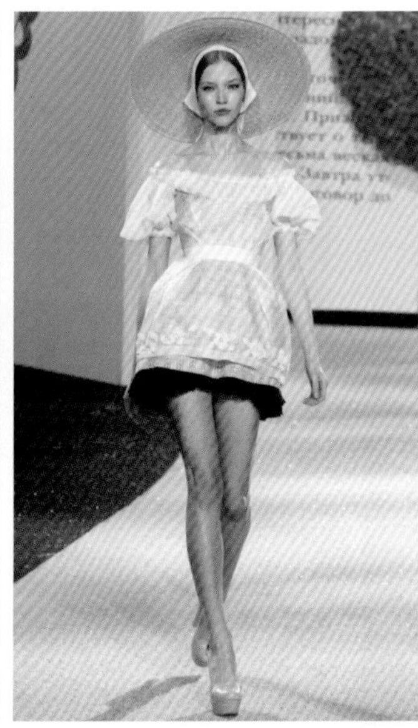

5.1.1 八角帽

八角帽搭配别样的裙装有独特的韵味感。

R G B=230-228-233
CMYK=12-11-6-0

R G B=21-21-23
CMYK=86-82-79-68

R G B=191-181-196
CMYK=30-29-15-0

设计理念：这是一款以八角帽来点缀的搭配设计。

色彩创意：黑色的八角帽搭配浅紫色吊带雪纺裙，个性时尚，又不失飘逸的美感。

雪纺面料的叠加融合塑造出服装的层次感。

设计技巧——与服装相融合的帽饰

中性又帅气的八角帽可以轻松地提升穿搭造型感，也更容易让穿着者在人群中脱颖而出。

黑色的八角帽搭配浅绿色裙衣套装，再搭配银色尖头高跟鞋，呈现出率性的气派感。

浅蓝色的八角帽搭配浅浅的蓝紫色套装，再配以白色高跟鞋，呈现出清爽、淡雅的迷人气质。

5.1.2 布列塔尼帽

R G B=180-173-103
CMYK=37-30-67-0

R G B=29-29-27
CMYK=83-79-80-64

设计理念：这是一款布列塔尼帽。

色彩创意：黑色的帽子与毛衣黑色的边条相呼应，为穿着者呈现精致俏丽的美感。

宽松的绿毛衣搭配黑色的帽子，再将头发轻轻地散在肩上，呈现出小女人可爱的样貌。

设计技巧——富有女人气息的布列塔尼帽

布列塔尼帽是由法国布列塔尼地区农民帽演变而来的，帽檐前部微微上翘的样式明快柔和，呈现出精致俏丽的面貌。

白色雪纺长衫搭配黑色高腰长裙，再配以黑色布列塔尼帽和黑色的高跟鞋，呈现出文艺气质的淑女风范。

黑色修身裙套装搭配黑色布列塔尼帽，整体统一，又营造出成熟女人的魅力。

5.1.3 赛艇帽

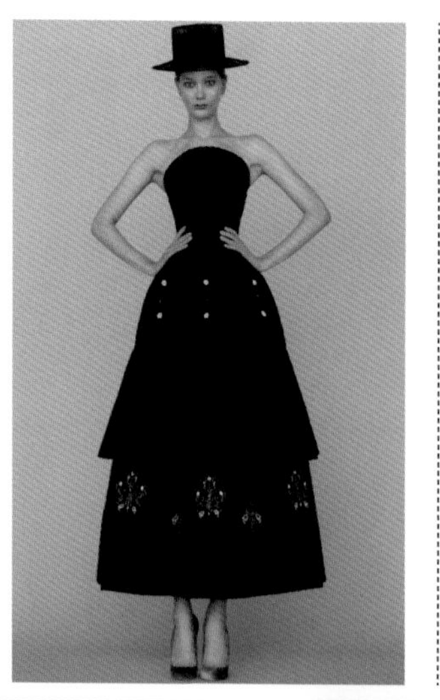

圆顶的赛艇帽搭配红色服装，更加耀眼时尚。

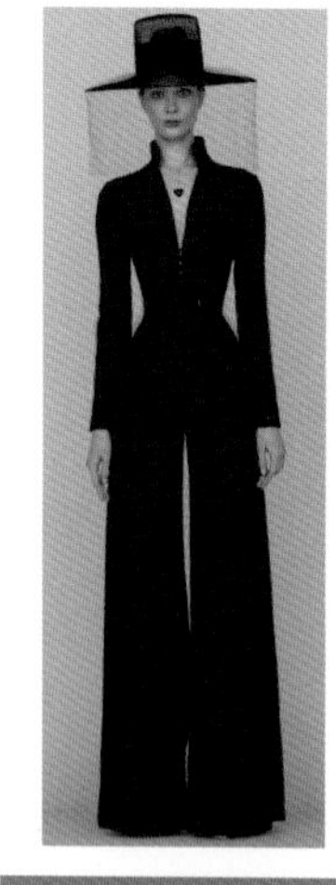

R G B=244-244-244
CMYK=5-4-4-0

R G B=31-30-32
CMYK=84-80-76-62

R G B=82-142-163
CMYK=71-37-32-0

设计理念：这是一款以赛艇帽为装饰的裙装。

色彩创意：黑色的抹胸，裙腰下部点缀白色珍珠，裙摆点缀蓝色印花，再搭配黑色赛艇帽，呈现出高贵典雅的贵族范。

蓝色细跟高跟鞋与礼裙上的蓝色印花恰好相互呼应，也能够增加穿着者的身高。

设计技巧——色彩融合性

赛艇帽水平样式的帽檐与冒顶塑造出轻松样式。赛艇帽微向前倾时尚又漂亮，微向后倾则呈现出青春活力。

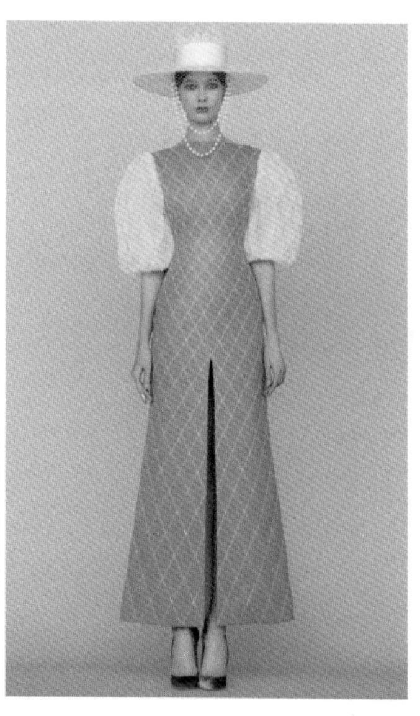

蓝色裙身采用白色交叉线绘制，再融合白色灯笼袖，呈现出清爽感，而饰以白色珍珠链的赛艇帽更能装点出服装美丽、高贵的气质。

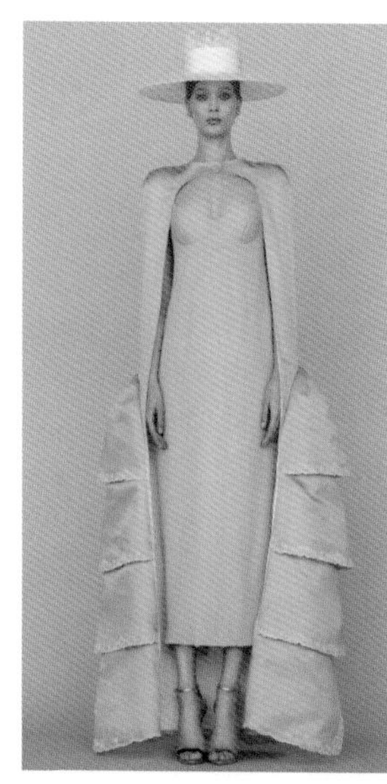

粉色修身长裙搭配白色的赛艇帽，完美地呈现出宫廷高贵的韵味。

玩转色彩设计

双色设计

三色设计

多色设计

精彩作品欣赏

5.2 发饰

爱美的女生一定都收集了很多发饰吧！无论是飘逸的长发、清爽的马尾还是自然知性的挽发，在发饰的装扮下都能呈现出俏皮可爱、温柔俏丽、清爽怡人的女人味。

5.2.1 清新的花式头绳

R G B=236-197-194
CMYK=9-29-19-0

R G B=158-146-62
CMYK=47-41-87-0

设计理念：图中所展现的是以纱质编织的头绳，以自然花朵为主题。

色彩创意：一款粉色小清新的花式头绳，轻松地打扮出夏季的清爽感。

小小的花式头绳采用丝绸与铝条制作而成，这样在扎发时能够减掉皮筋带来的束缚感。

设计技巧——精致的发箍

发箍这种头饰成为当下流行元素中必不可少的单品，而发箍也带来了新的发型。

非常有气质的一款发箍，镶着晶莹剔透的珍珠花朵两侧装饰着金属叶，在阳光下闪烁着夺目的光芒。

精致的发箍镶嵌着三个璀璨的“钻石”，装扮出气质十足的公主范。

5.2.2 舒适的布艺发箍

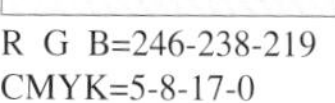

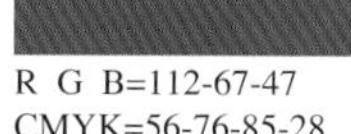

R G B=246-238-219	R G B=112-67-47	R G B=166-36-54	R G B=42-64-147
CMYK=5-8-17-0	CMYK=56-76-85-28	CMYK=42-98-82-6	CMYK=93-84-13-0

设计理念：这是一条宽厚的布艺发箍，绚丽的花纹是其最大的特点。

色彩创意：对比鲜明的色彩使得发箍视感鲜明，美感更突出。

这款发箍内置入柔软的铝条，使得发箍造型更加游刃有余。

设计技巧——雅致的布艺

布艺发饰质感更加柔和淳朴，能给人带来一种安心的舒适感觉，装扮出的气质也极为特别。

以锁链花纹装饰发箍，令佩戴者更加娇媚清秀。

带有波点的兔耳朵发箍十分卡通。以布艺为主要材料，显得简单、柔软、可爱。

5.2.3 亲和的发绳

R G B=214-175-104
CMYK=21-35-64-0

R G B=17-36-39
CMYK=91-78-74-57

设计理念：这是一条毛线编织的发绳，造型随意。

色彩创意：黄色毛线所编织的发绳极具亲和力，让平常的装扮也有了亮点。

黄色的发绳与红色的服装搭配极为和谐，且塑造出气质高雅的美感。

设计技巧——秀丽的发卡搭配

发卡可以轻松装扮出格式各样的发型，而且还能让女生更加清爽，还很容易提升自身气质。

米色的蝴蝶结发卡将长发轻轻固定，甜美清爽，足以让佩戴者美丽翻倍。

果冻色的发卡将凌乱的头发拢在颈后，甜美又性感。

玩转色彩设计

双色设计

三色设计

多色设计

精彩作品欣赏

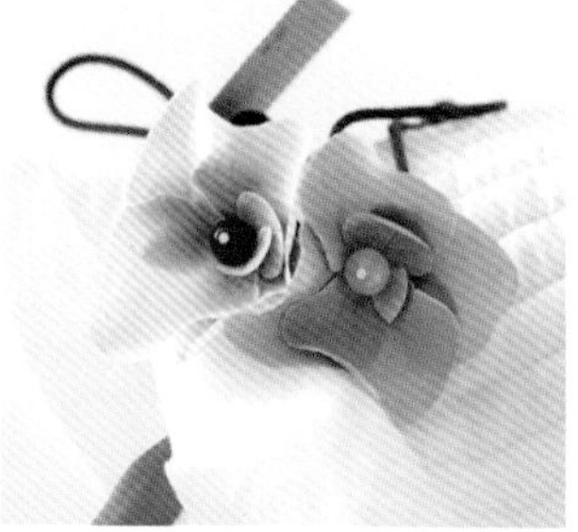

5.3 肩饰

肩饰是肩部的饰品，主要是围巾和披肩。围巾既保暖又可以装扮出率性感；披肩也能够起到保暖的作用，还能提升人的气质，营造出高贵感。

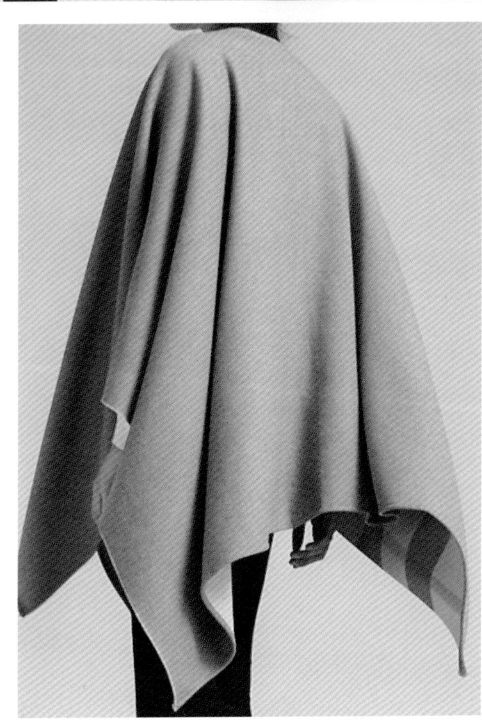

5.3.1 青蓝色丝巾

左侧是夏季纱巾。下面是冬季白色针织围巾，脖领处装饰着毛领，为围巾塑造出纯洁高贵感。

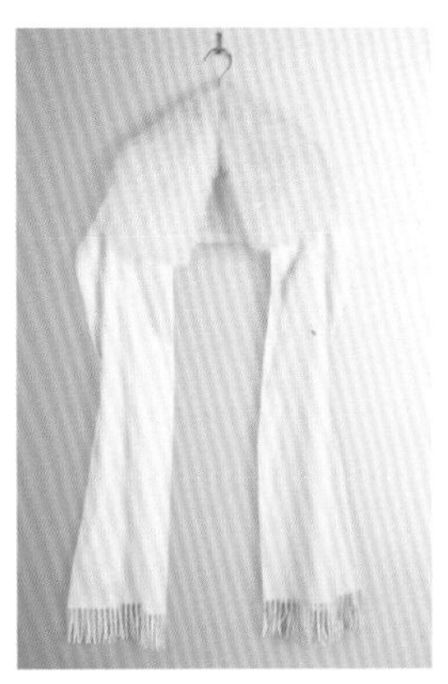

R G B=221-236-243
CMYK=17-4-5-0

R G B=102-170-219
CMYK=62-24-7-0

R G B=102-170-219
CMYK=62-24-7-0

R G B=56-52-53
CMYK=78-74-71-43

设计理念：左侧所展现的是一条夏季丝巾。

色彩创意：一条蓝色丝巾可以增添浪漫的假日气息。

丝巾很适合街拍，再搭配摩登气息的墨镜，能够轻松展现出性感迷人的优雅风姿。

设计技巧——双色披肩

披肩无论是约会、逛街还是休息时都是一件不错的饰品，它极具亲和力的面料既舒适又随性潇洒。

一款羊绒披巾不仅保暖，还能营造出一种神秘感，无声地吸引人的注意力。

黑色毛领披肩既能保暖，又隐隐散发着深邃的高贵感。

5.3.2 优雅的丝巾

下面是一条毛边装饰的格子围巾，与左侧艳丽的纱巾形成鲜明的对比，既文艺又保暖。

R G B=217-193-191 CMYK=18-27-21-0	R G B=202-38-52 CMYK=26-96-82-0	R G B=231-203-94 CMYK=16-22-70-0	R G B=60-85-80 CMYK=80-61-67-20

设计理念：这是一条方丝巾。

色彩创意：鲜艳的红色方巾能够彰显出大方柔美的气息。

一条飘逸感十足的短款丝巾能够使整体造型更加富有气质。

设计技巧——轻柔的丝巾

春夏季的围巾以丝质面料为主，功能与装饰兼具，丝巾质轻且色彩斑斓，让简单的装扮变得更加出彩，丝巾的飘逸感也能够增强气场。

以色彩斑斓的蓝色与红色对比来装点丝巾，塑造出海滨的清爽感。

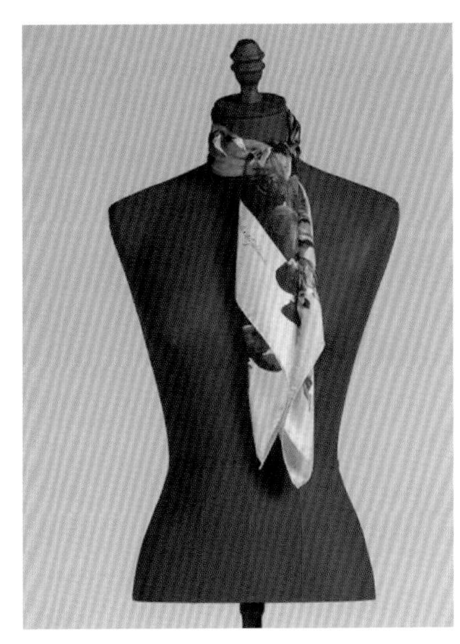

黄绿色搭配的短款丝巾，简洁清新，映射出夏季气息。

玩转色彩设计

双色设计

三色设计

多色设计

精彩作品欣赏

5.4 眼镜

眼镜不仅包括近视镜、远视镜、老花镜等光学器件，更是一种潮流装饰品。属于服饰范畴的眼镜主要包括太阳眼镜（又称墨镜，避免强光的刺激）、单片眼镜（是一种圆形水晶单片眼睛）、变色眼镜（在柔和光线下呈现黑色，在阳光照射下会映射出其他色彩）。

5.4.1 菱形墨镜

R G B=231-210-205
CMYK=11-21-17-0

R G B=25-27-32
CMYK=87-82-75-62

R G B=92-70-70
CMYK=67-72-66-26

设计理念：这是一款菱形墨镜，主要起到防紫外线和装饰的作用。

色彩创意：咖色镜片搭配黑色镜框，高贵又富有神秘的魅力。

深色的墨镜搭配深色连衣裙，呈现出魅力十足的女王范。

设计技巧——艳丽的装饰镜

一款时尚的眼镜不仅能够起到保护眼睛的作用，还能装扮出帅气的炫酷感。

红色条纹连体裤搭配红色边框的眼镜，塑造出热烈的惊艳感。

艳丽的异域套装搭配五彩边框墨镜，突出明亮的活力感。

5.4.2 变色墨镜

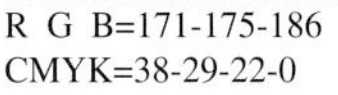

R G B=171-175-186
CMYK=38-29-22-0

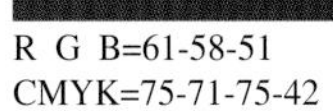

R G B=61-58-51
CMYK=75-71-75-42

R G B=23-36-50
CMYK=92-84-66-50

R G B=21-24-25
CMYK=87-81-79-67

设计理念：这是一副圆形镜片的变色墨镜。

色彩创意：黑色连体短裙镶嵌蓝色亮片，给人一种豪华高贵感。

干净利落的短发，修身的连衣短裙，再搭配变色墨镜、单肩包和尖头高跟鞋配饰，将穿着者装扮得极为干净、清爽。

设计技巧——眼镜搭配

佩戴眼镜已经成为很多女性的习惯，开车、逛街、出游都不离身。眼镜不仅能够展现出人的气质，更能修饰脸型，与适宜的穿着搭配更能展现完美感。

以黑色为主的连体裤，在透视的细节上体现出女人味的精髓，再搭配变色眼镜，更将优雅融入中性格调中。

将白色抹胸丝绸上衣放入粉色裤腰中，再搭配蓝色长款开衫外套和渐变色眼镜，透露着女性的知性气质。

5.4.3 休闲眼镜搭配

R G B=245-245-243 CMYK=5-4-5-0	R G B=82-76-77 CMYK=72-68-64-23	R G B=68-62-31 CMYK=71-67-98-43	R G B=12-13-12 CMYK=88-83-85-74

设计理念：这是一副休闲眼镜，光滑的硬塑质感青春而新潮。

色彩创意：白色长领毛衣搭配绿色呢外套，呈现出温暖惬意的清爽感。

清爽暖意的搭配再配以休闲墨镜，塑造出帅气的冷艳感。

设计技巧——帅气的潮流范

一副简单的墨镜可以瞬间改变佩戴者气场，也显得更加有范。

宽大的墨镜很适合纤瘦的脸型，可以遮挡颧骨位置，恰能起到扬长避短的作用。

宽大的眼睛搭配能够更好地遮挡住脸上的缺点，漏出尖尖的下巴，将小脸完美地凸显出来。

玩转色彩设计

双色设计

三色设计

多色设计

精彩作品欣赏

5.5 首饰

首饰是指带在身上的饰品，如耳环、项链、戒指、手镯等，可以更好地衬托服装的美感，亦能塑造出穿着者的精致感，并且最容易展现女性的气质。

5.5.1 浑厚的金色手镯

除了搭配金色手镯以外，还可以搭配白色花瓣耳饰，不仅能够增强时尚感，也与服装很好地融合。

R G B=231-236-241	R G B=172-143-80	R G B=150-123-136	R G B=19-31-57
CMYK=12-6-5-0	CMYK=41-46-76-0	CMYK=49-55-38-0	CMYK=97-93-61-44

设计理念：以浑厚的金色手镯饰品点缀服装。

色彩创意：金色手镯搭配蓝色裙装，将色彩搭配得更加融合惬意。

这是一款拖地蓝色长裙，在心口处设有一个镂空的倒三角形，将服装塑造得婉约又得体。

设计技巧——耳饰搭配

在耳畔摇曳生姿的耳饰最为受人注目，而且也能修饰人的脸型，可以起到弥补脸部不足的作用。

心形流苏耳饰与服装两侧开叉恰好相互呼应，使得整体更具融合性。这种流苏耳饰很适合圆脸的人佩戴，可以拉伸脸型。

圆环形耳环很适合尖脸型的人，可以增加脸型的宽度，使人更加具有美感。

5.5.2 华丽的流苏耳坠

红色绿裙还可以搭配绿色和金色的耳饰，绿色与红色可以构成很好的对比，金色则可以增强礼服的高贵感。

R G B=178-28-37
CMYK=37-100-98-3

R G B=80-82-148
CMYK=79-74-18-0

R G B=202-173-115
CMYK=27-34-59-0

设计理念：这是以长款流苏耳坠饰品所进行的搭配。

色彩创意：裸肩露腰的修身礼裙以红色与蓝色花纹构成对比，产生耐人寻味的魅力感。

长款流苏耳坠能够拉伸颈部，亦可以将颈部线条展现得更加漂亮。

设计技巧——撞色饰品

对于纤瘦脸庞的女性来说，短小精致的耳饰是她们不懈的追求，外加独具个性的款式更能为脸庞增添光彩。

两种鲜艳抢眼的颜色以撞色的方法彰显出抹胸裙的亮丽风范，再配以金色的耳饰，更加增强明艳感。

环形耳饰将纤瘦的脸型装扮得更加圆润，外加黄色，更与服装的色彩产生融合性。

5.5.3 清新亮丽的耳饰

R G B=249-253-252
CMYK=3-0-2-0

金色流苏耳坠还可以搭配以下珠宝饰品，能够装扮出更加高贵的气质。

R G B=RGB=207-160-58
CMYK=25-42-84-0

设计理念：一字肩礼裙采用长款耳饰搭配，可以将肩部与锁骨展现得格外性感。

色彩创意：优雅的白色蓬松礼裙使穿着者极为轻灵、明媚。

白色的裙装很受女性喜爱，可以将穿着者装扮得更加清纯、唯美。

设计技巧——璀璨的耳饰装扮

精美的饰品成为穿着出彩的部位，再搭配惊艳动人的礼服，为穿着者的美丽增加一分亮丽的色彩。

淡雅、性感的礼服搭配璀璨的耳饰，显的清秀又有诗意。

纤长的颈部不用再搭配长款的耳饰，避免过于拉长颈部。短款礼裙搭配精致小巧的耳钉彰显出小鸟依人的感觉。

玩转色彩设计

双色设计

三色设计

多色设计

精彩作品欣赏

5.6 手提包

出门时一堆零零碎碎的东西不知如何携带，这时就会想起手提包，它不仅可以将零零碎碎的东西装入其中，更可以成为一件时尚的装饰品。无论是逛街还是出入重要场合，都会提升人的气质。

5.6.1 简约立体的手提包

R G B=252-252-252
CMYK=1-1-1-0

R G B=18-18-18
CMYK=87-82-82-71

设计理念：土黄色手提包与橘红色服装极为和谐。

色彩创意：鲜艳的橘红色搭配浅蓝色格子修身裙，塑造出职业女性的时尚魅力感。

棕红色、黑色和灰色搭配的尖头高跟鞋与整体具有协调统一感。

设计技巧——复古手提箱

色彩沉稳的复古手提箱能够与套装搭配得更加出色，而它的方形设计也能提供大容量储蓄空间。

深色的手提箱搭配亮色边，再搭配紫色套装，呈现出成熟宁静感。

深色套装搭配深色手提箱，形成理智、安静的深沉感。

5.6.2 沉稳的手提包

一款棕红色的手提包也可以换成以下两款颜色艳丽的手提包，可以增强服装的活力感。

R G B=243-242-238
CMYK=6-5-7-0

R G B=0-20-75
CMYK=100-100-61-29

R G B=145-118-109
CMYK=51-57-55-1

设计理念：这是一款深红色的细带手提包。

色彩创意：黑白搭配的服装搭配深色的手提包会营造出高贵、沉稳感。

黑色的衬衫领，宽松的褶皱裙摆，平添小女人的可爱感。

设计技巧——同色搭配的手提包

手提包搭配同色服装，可以营造出非常典雅的气质，也可以营造出一种干净的视觉感觉。

淡黄色的皮包搭配同色裙装，构成相互呼应的视觉感。

与服装同色的绿色手提包打破沉稳，增添一丝活跃感。

5.6.3 色彩明亮的手提包

橘红色的手提包也可以换成粉色手提包，可以将活泼的装扮转变成俏丽的女人味。

R G B=243-242-238
CMYK=6-5-7-0

R G B=0-20-75
CMYK=100-100-61-29

R G B=145-118-109
CMYK=51-57-55-1

设计理念：这是一款橘黄色宽带手提包。

色彩创意：暗色的碎花套装搭配橘色背包显得格外突出。

墨镜的装点也能够增加穿着者的个性和气派感。

设计技巧——点缀色彩的双肩包

包包是女性出门必带的搭配，不但可以装入一些必需品使得出门更加方便，还可作为装饰，而且双肩包的搭配更能给人耳目一新的感觉。

每个人的性格都不同，而穿着配饰的色彩也能判断出一个人的性格。橘红色的双肩包搭配清凉装扮，能够突出活力独特的性格。

黑格上衣搭配浅蓝色短裙，再配以橙色双肩背包，呈现出时髦前卫感。

玩转色彩设计

双色设计

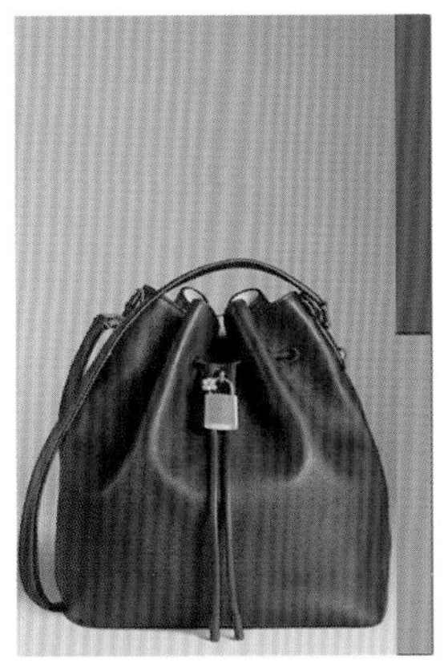

三色设计

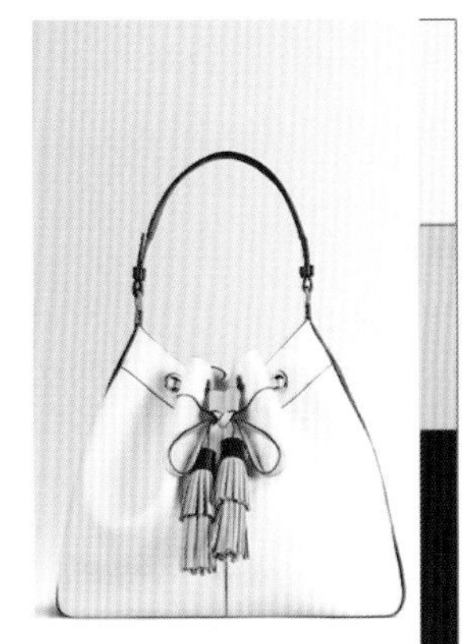

多色设计

精彩作品欣赏

5.7 腰饰

腰饰的用途千差万别，可以固定服装以防止脱落，又可以作为装饰。

腰饰可分为腰带和收束服装的腰链，一般以金属和绳带材质为主，花饰是装扮腰间的饰品或花样等。

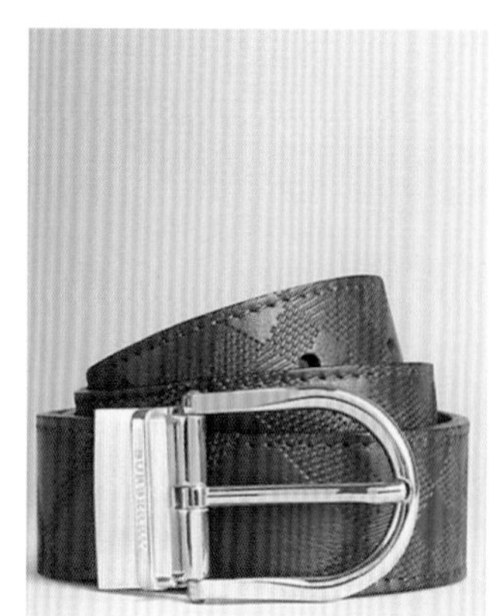

5.7.1 宽腰带配饰

不仅可以搭配黑色的腰带，还可以搭配格子花纹腰带，黑色可以装扮出沉稳感，而格子花样的腰带可以增添活力。

R G B=191-152-126
CMYK=31-44-49-0

R G B=27-11-11
CMYK=81-87-85-73

设计理念：这款服装的宽腰带主要是以束腰为主。

色彩创意：黑色上衣搭配粉色短裙，塑造出少女的俏皮感。

这款服装的腰带是以装饰为目的，同时将腰部收束得更加纤细。

设计技巧——束腰搭配

夏季宽松肥大的衣服会显得较为臃肿，这时不妨系上一条腰带，可以把腰身强调出来，也会显得更加时髦。

与服装同色系的腰带装饰服装，不仅将腰形完美地凸显出来，更塑造出凹凸有致的女人味。

黑白格调的上衣搭配黑色装饰的腰带，增添了一丝硬朗感。

5.7.2 金属细腰链

还可以将金属腰链换成宝蓝色的腰带，与服装色彩构成完美的和谐感。

R G B=241-241-235
CMYK=7-5-9-0

R G B=7-10-13
CMYK=91-86-83-74

R G B=189-149-64
CMYK=33-45-83-0

设计理念：这款服装所配的是一条金属腰链，质感超强。

色彩创意：黑白花纹交错装饰服装整体，营造出复古的精美感。

复古风的连体裤搭配一条金属腰链，巧妙地强调出腰身，也与服装形成呼应。

设计技巧——瘦腰裙装搭配

炎热的夏季穿上微凉的白裙是极美的装扮，而拥有漂亮的小蛮腰也是女生的梦想，下面来一起试试吧。

拖尾白纱长裙，轻盈飘逸，再将腰部系上浅粉色的丝带，清爽宜人，穿着极为舒适。

微带民族风的白色长裙，将腰部微微束紧，可以将身材拉得更加修长。

5.7.3 纤细的金色腰链

R G B=13-13-11
CMYK=88-83-86-74

黑色的裙装搭配棕色腰带比金属腰带显得更加俏丽。

R G B=214-177-71
CMYK=23-33-78-0

设计理念：这是一条以金属腰带搭配的长裙。

色彩创意：黑色长裙搭配金属腰链，原本松垮的轮廓被勾勒出瘦长的线条。

简约却充满质感的金属腰链搭配出优雅的时尚感。

设计技巧——腰带简约的装扮

要展现出女性身材，腰形是极为重要的。在宽松厚重的服装外面系上腰带，是极为精致的。

蛇纹花样的无袖裙体套装搭配宽大的黑色腰带，既能将身形包裹得紧实，又能诠释出性感的一面。

白色线条装饰的率性套装，在棱角中强调出女性的曲线感。

玩转色彩设计

双色设计

三色设计

三色设计

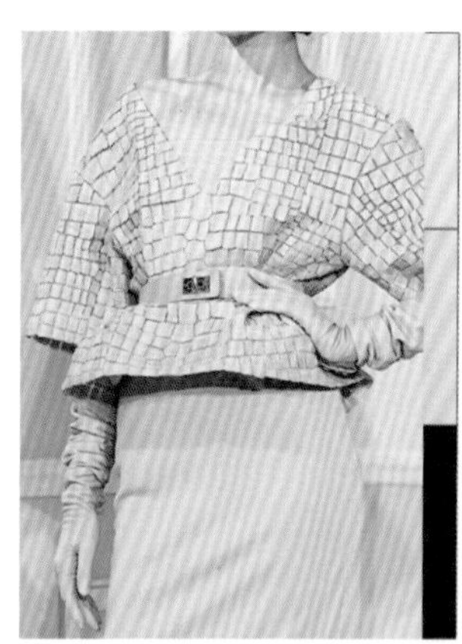

精彩作品欣赏

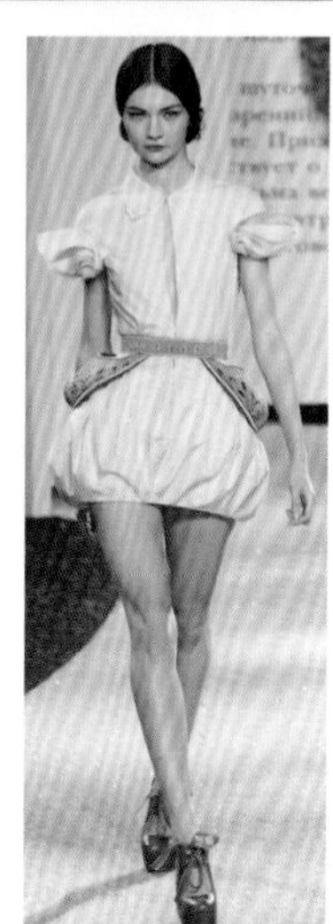

5.8 鞋

鞋的种类较多，按穿着对象可分为男鞋、女鞋、老年鞋和儿童鞋，按季节可分为单鞋、凉鞋和棉鞋。

本节讲述的是女鞋装扮样式。平底鞋有淑女般的温婉，又有舒适感；高跟鞋则能够瞬间提升女人的高雅气质。

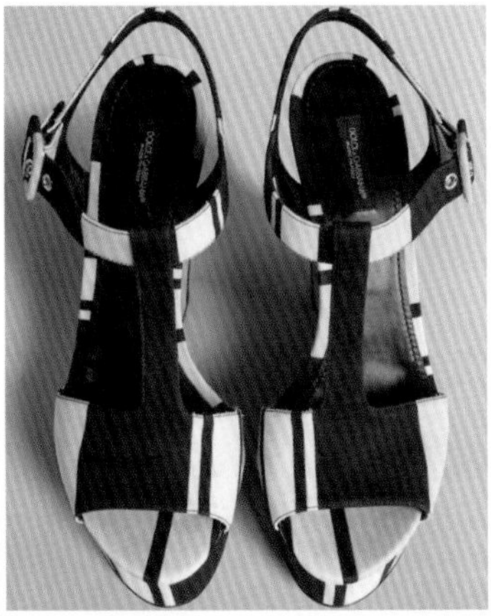

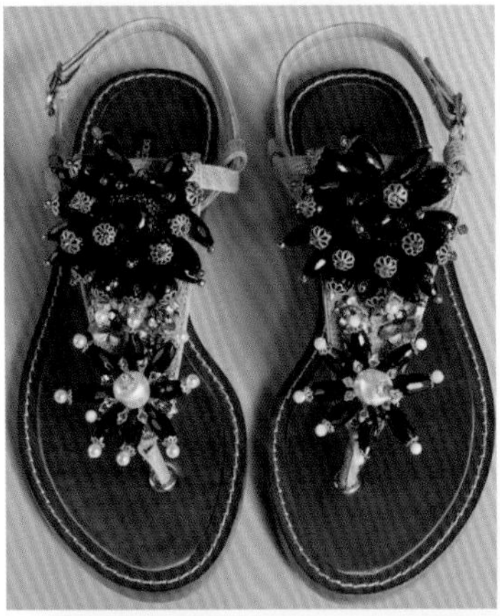

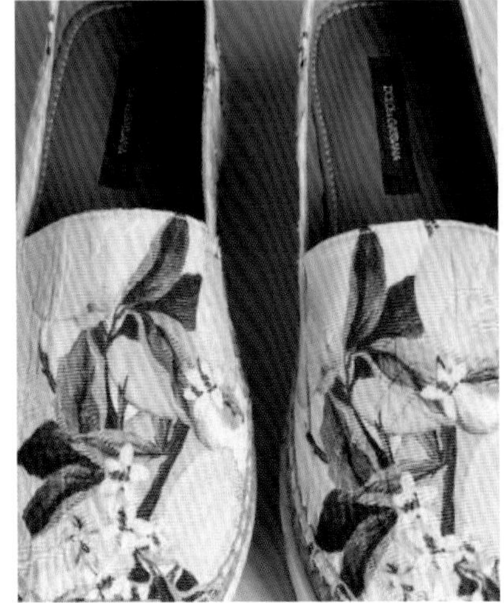

5.8.1 修身的高跟靴

R G B=244-246-245
CMYK=6-3-4-0

黑白格子的长靴不像红靴那样性感妩媚，更能装扮出一丝文艺范。

R G B=96-17-8
CMYK=55-98-100-45

设计理念：这是一款时尚的皮靴，很适合春秋季节穿，不宜夏季穿着。

色彩创意：红色过膝皮靴营造出截然不同的优雅风情。

一双紧腿过膝长靴，会让人从整体看上去更加纤细修长，将气质一下凸显出来。

设计技巧——极致性感的高跟鞋

美丽又简洁的高跟鞋，不仅能够营造出气场，更能令穿着者洋溢着自信，展现极致的性感与美丽。

这是一双尖头的细跟高跟鞋，而黑色蛇纹印花也可以赋予穿着者成熟性感的女人味。

白色尖头细跟单鞋，将鞋体后部装饰上黑色蝴蝶结，十分优雅又具有气质。

5.8.2 个性十足的尖头短靴

将红色短靴换成一双黑色短靴，可以装扮出成熟的女人味。

R G B=238-6-9
CMYK=6-98-100-0

R G B=233-230-231
CMYK=10-10-8-0

设计理念：这是一双极具女人韵味的光面尖头短靴。
色彩创意：红色短靴更显高挑出彩。
尖头宽高跟短靴造型能带来强烈的视觉效果。

设计技巧——独特的系带搭配

高跟鞋是女生鞋橱中必不可少的，高跟鞋是代表女生性感的一部分，独特的造型也能带来优雅迷人的气质。

这是一双蓝色拼接花纹的皮鞋，既新颖又独特，外加系带设计，更能营造出古典风情。

这是一双黄色拼接高跟鞋，鞋体两侧镂空设计可以营造出清凉感，再添加系带，装点出复古的迷情感。

5.8.3 典雅的高跟鞋

RGB=32-33-45
CMYK=87-84-68-53

流苏装饰后跟的高跟鞋清爽又利落，体现时尚的潮流。

RGB=13-16-17
CMYK=89-83-82-72

设计理念：这是一双精致简约的高跟鞋。

色彩创意：大多女生都喜爱黑色高跟鞋，优雅的黑色不仅百搭，更具有尊贵的意味。

黑色的高跟鞋搭配长裙更能呈现出文雅感。

设计技巧——水晶跟高跟鞋

精致的装饰和完美的轮廓巧妙地融合，能够令穿着者更加突破自我，塑造出优雅前卫的潮流感。

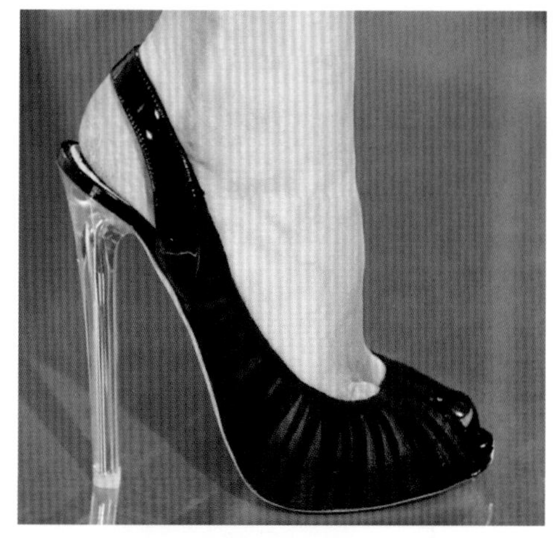

性感妩媚的鱼嘴水晶高跟鞋，呈现出知性的优雅感，鞋后跟处的镂空细带使穿着者更加舒适清凉。

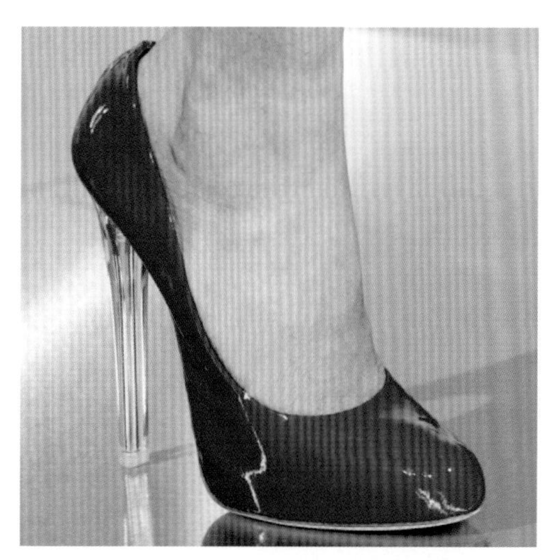

红色高跟鞋十分抢眼，给人带来强烈的视觉感。

玩转色彩设计

双色设计

三色设计

多色设计

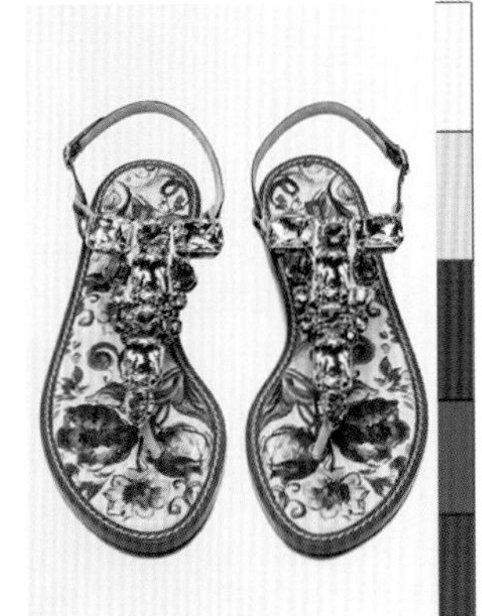

精彩作品欣赏

OK读书笔记
Reading notes

服饰色彩的视觉印象

色彩在服装设计中有着举足轻重的作用，能够给人们带来极强的视觉印象，既深刻又富有冲击力。醒目的色彩还可以体现一个人的档次和品位，是视觉与艺术的结合。本章分析前卫、安逸、优美、活力、童趣、活泼、自然、古朴、华贵感的服装所展现的视觉印象。

6.1 前卫

前卫是一种颇为引人注目的风格，主要来自物体上的主要特征给人的心理感受，通过视觉对物体造型的认识，能够给自己制造出更加完美的人生体验，为穿着者装扮出个性独特的时尚感。

6.1.1 高贵冷艳的服饰

将蓝色的短裙换成一条褐色修身短裙，俏皮优雅，独具风韵，让穿着者女人味十足。

R G B=135-149-156
CMYK=54-38-34-0

R G B=52-51-85
CMYK=88-87-51-21

设计理念：左图是一套高贵冷艳的职业装打扮，利用同类色搭配更显协调。

色彩创意：设计师以蓝色装扮出沉稳成熟的韵味。

纱质无袖短衫搭配中长款修身半身裙，裙体前面的开口设计营造出性感的风格。

设计技巧——穿出优雅简约感

女装色彩搭配得当，并且与造型巧妙配合，可使人显得端庄优雅，极具魅力。

这是一款长袖连衣裙，前胸处设计成交叉V型领口，妩媚又性感，腰间的小巧蝴蝶结设计更散发着微妙的可爱感。

同款的黑色连衣裙可以收束身材，让穿着者显得纤瘦。

6.1.2　色彩华丽的服饰

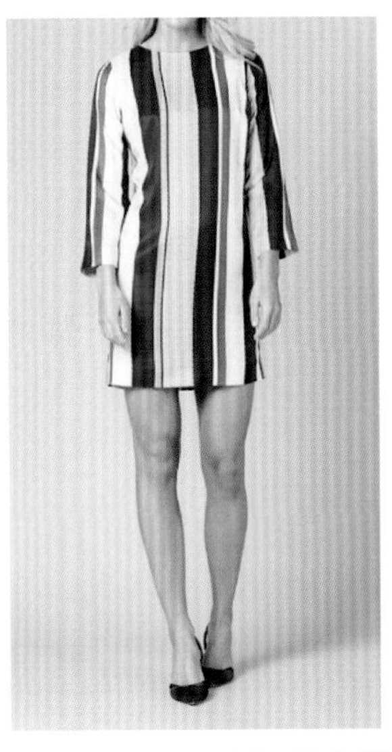

下面是一件与左侧同款的连衣裙，而沉稳的色彩更显成熟。

RGB=241-243-244 CMYK=7-4-4-0	RGB=190-77-58 CMYK=32-83-81-1	RGB=248-231-115 CMYK=9-9-63-0	RGB=44-51-75 CMYK=88-83-56-29

设计理念：条纹连衣裙不仅显瘦，而且具有时尚小清新感。

色彩创意：彩虹条纹的裙装存在感最强，营造出亮丽的蓬勃感。

紧致随身的连衣裙优雅美丽，体现出女性优美的身姿，让服装更具女人味。

设计技巧——修身裙装

在爱美女性的衣橱中，修身连衣裙是最为重要的，能突出女性的凹凸线条，在展现性感的同时突出优雅的气质。

V领口的修身连衣裙以鲜艳的色块拼搭设计将性感妩媚的女人味散发得淋漓尽致。

同色系的蓝色色块搭配构成色彩的韵律感，给人以清凉感。

6.1.3 秀美素净的服饰

下面所展现的是条纹面料：

R G B=237-239-243
CMYK=8-6-4-0

R G B=39-41-55
CMYK=86-83-65-45

设计理念：这是一款宽肩带条纹的连衣裙。

色彩创意：黑白条纹连衣裙不管是什么款式，都能穿出秀美素净的时尚风。

散发着摩登气息的连衣裙，不仅耐看，也十分有范。

设计技巧——宽肩带连衣裙

清爽的颜色搭配宽肩带连衣裙的独特设计，组合出迷人出众的视觉感，让穿着者更加性感迷人。

这是一款清爽的绿色裙装，V领口的设计让脖子更修长。

蓝色V领口裙装，束腰的蝴蝶结使凹凸有致的身材显得更加完美。

玩转色彩设计

双色设计

三色设计

多色设计

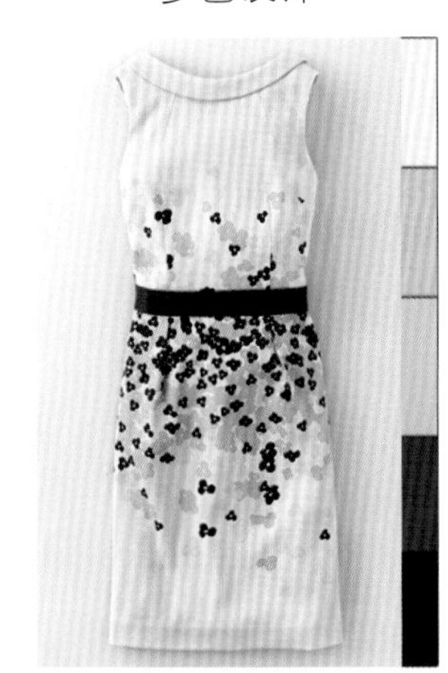

精彩作品欣赏

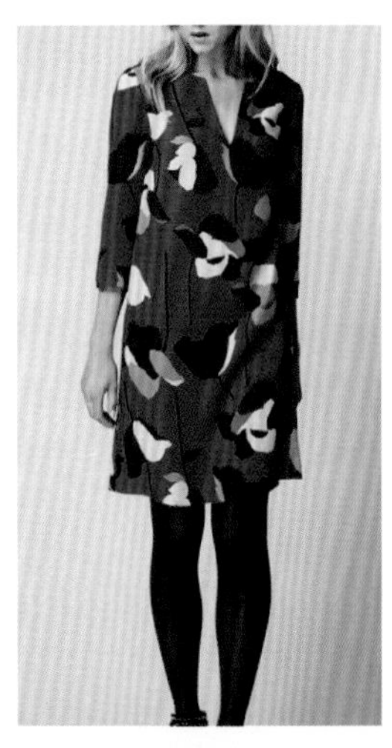

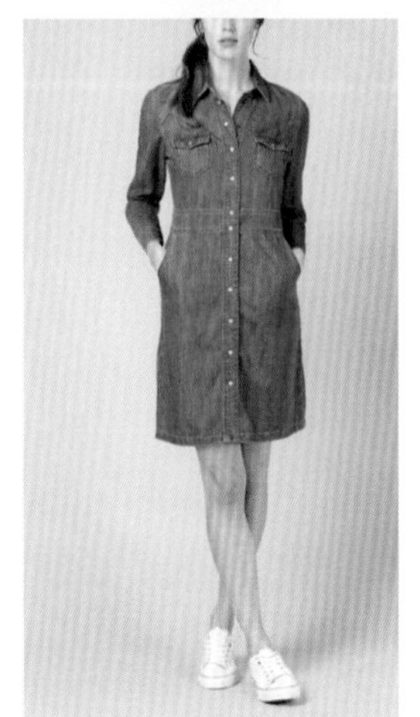

6.2 安逸

安逸感的服装设计主要是以色彩来体现的。服装色彩构成有三种属性：实用性，可以起到保护身体的作用；装饰性，以色彩和优美的图案有机结合；社会属性，可以区分穿着者的年龄、性格和职业地位。

6.2.1 闲适清爽的服饰

圆点花样的服装搭配白色的阔腿裤，更加具有休闲感。

R G B=242-240-241
CMYK=6-6-5-0

R G B=52-57-86
CMYK=87-83-52-21

设计理念：简约而不简单，剪裁以宽松为主要特色。

色彩创意：白色的阔腿裤搭配无袖的雪纺上衣透露出霸气的妩媚感。

百搭的简约款式设计，大气又不失时尚感。

设计技巧——圆点装饰

深蓝色与白色的时尚装扮碰撞出无限的魅力，诠释出简约又不低调的前卫感。

深蓝色圆点的雪纺上衣，穿在身上极为舒适，再搭配白色修身裤，给人一种纯洁干净的感觉。

极为清凉的白色背心搭配条纹短裤，简单又不失潮流感。

6.2.2 轻便自由的服饰

左侧的裙装和下面的套装具有轻便自由感。

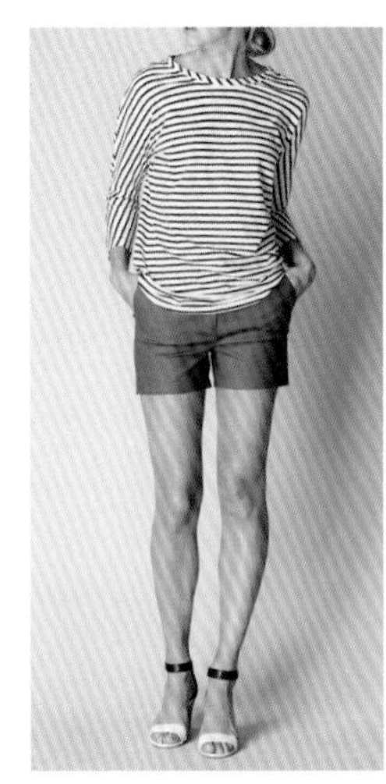

R G B=209-209-209 CMYK=21-16-16-0	R G B=143-168-206 CMYK=50-30-10-0	R G B=222-205-114 CMYK=19-19-63-0	R G B=48-53-83 CMYK=89-85-53-23

设计理念：这是一件色块拼接的连衣裙。

色彩创意：对比色的连衣裙简约优雅，塑造出令人怦然心动的感觉。

四色拼接演绎着亮丽的贵气感，而裙装宽松的裙摆也使穿着者行动轻便自由。

设计技巧——牛仔短裙

牛仔短裙搭配一双高跟鞋不仅干练，而且腿部也显得极为纤长。

浅灰色的长袖T恤搭配纽扣装饰的牛仔短裙，简洁地的装扮出休闲范。

橘红色的T恤搭配纽扣装饰的牛仔短裙，增添富于女人味的自信气息。

6.2.3 淡雅轻巧的服饰

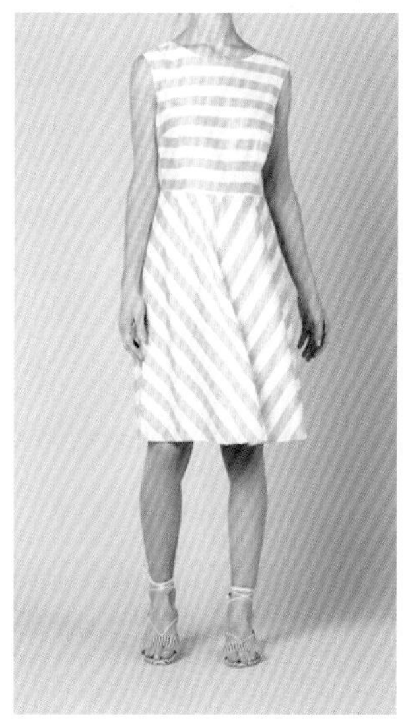

红色条纹连衣裙采用垂直版型，再选用一条细细的绳带，如左侧的连衣裙一样将腰部收束得很完美。

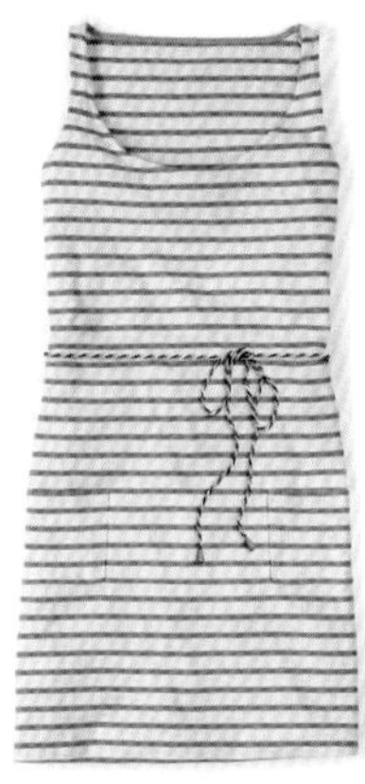

R G B=251-248-243
CMYK=2-3-6-0

R G B=242-221-101
CMYK=11-14-68-0

设计理念：左侧图片所展现的是一件无袖连衣裙，图案有强烈的视觉冲击力。
色彩创意：淡雅的米黄色既素净又典雅，具有优雅感。
以不同方向的条纹来划分服装景象，塑造出简约的淑女范。

设计技巧——性感的短裤单品

性感的中短裤在夏季是最受欢迎的，可以大秀穿着者的美腿，亦可以突出高挑的身姿。

一字领的蓝色纱衣搭配修身白色短裤，再搭配休闲风的布包，营造出活泼跳跃感。

白色背心搭配修身蓝色短裤，再搭配彩色颈部饰品，时尚又性感。

玩转色彩设计

双色设计

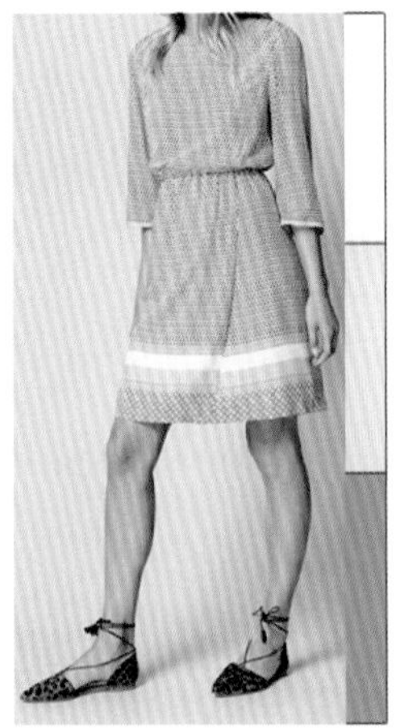

三色设计

多色设计

精彩作品欣赏

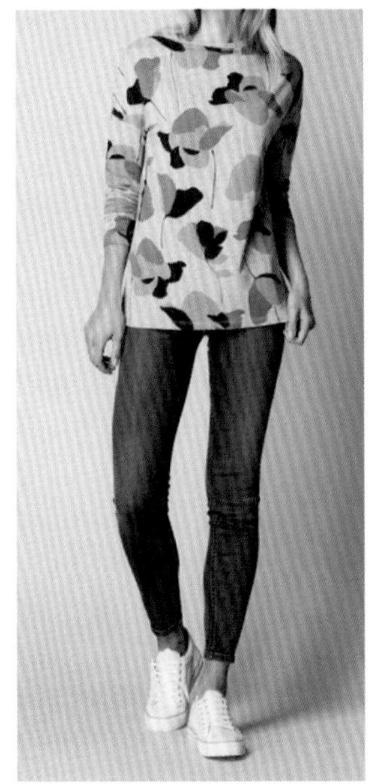

6.3 优美

设计服装款式首先要求美观，将实用艺术和工艺技巧相结合，创造出服装的审美趣味，再融合一些色彩来突出其强烈的个性表达，能在审美上把握时代感，适应广大消费者的审美趣味。

6.3.1 清澈雅致的服饰

下面来欣赏一下沙滩风的清澈雅致裙装：

RGB=243--234 CMYK=6-5-10-0	RGB=110-133-106 CMYK=65-43-63-1	RGB=254-244-125 CMYK=6-3-60-0	RGB=58-79-159 CMYK=86-74-9-0

设计理念：左侧图片所展现的是一款清澈的复古风长裙。

色彩创意：精致浪漫的蓝色与黄色对比，使整体展现得飘逸高贵。

纱质面料的复古长裙，将女性的柔美韵味展现得淋漓尽致。

设计技巧——轻盈唯美的装扮

纱纺面料服装最能体现女人气息，又能突出女生优雅温婉的气质。

雪纺灯笼袖的上衣搭配彩色迷你短裙，隐隐透露出女人味。

镂空灯笼袖的白色上衣搭配短款牛仔裤，塑造出淡雅个性的帅气感。

6.3.2 娇嫩柔美的服饰

R G B=252-252-250
CMYK=1-1-2-0

设计理念：这是一件雪纺连衣裙。

色彩创意：白色轻盈的雪纺裙如精灵一样灵动飘逸。

荷叶边的袖口与裙摆柔美动人，行走间也更加优雅浪漫。

设计技巧——纱纺塑造的性感

在炎热的夏天穿上雪纺衫，恰到好处地飘逸出一丝微凉感，也给人带来一种独特的舒适、愉悦感。

这是一件蓝色条纹的一字肩雪纺衫，搭配撕边牛仔短裤，给人淡雅的凉爽感。

这是一件蕾丝与雪纺拼搭的连衣裙。高脖领与胸口 V 型镂空设计，微微营造出性感的小女人味。

6.3.3 素净惬意的服饰

有素净感的别样风服装欣赏：

R G B=218-232-223
CMYK=18-5-15-0

R G B=194-145-124
CMYK=30-49-49-0

设计理念：这是一件丝绸面料的连衣裙，素雅清淡的色调却令人有不平凡的感受。

色彩创意：水绿色打底的服装点缀浅浅的红色花纹，有着生机盎然的清凉感。

这件绿色连衣裙是一款非常有气质的衣服，要是再搭配一条细细的同色腰带，能够摇曳出顾盼生姿的精致感。

● 设计技巧——花边巧妙的点缀

精致的花边设计能够营造出青春活力，也能将少女独特的娇柔感完美地释放出来。

米黄色 T 恤长裙巧妙地搭配橘黄色花纹，给予服装素雅的唯美感。

镂空的花纹裙以及巧妙的嵌条设计，塑造出清新优雅的层次感。

玩转色彩设计

双色设计

三色设计

多色设计

精彩作品欣赏

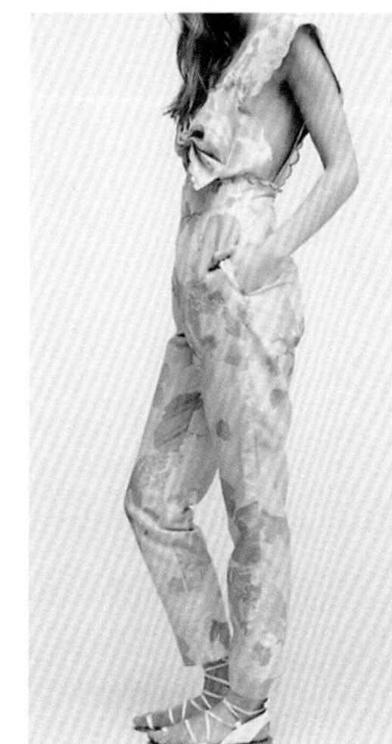

6.4 活力

裤装会让人看起来更加富有运动的活力感，要求采用干净清爽的搭配。而这种充满活力的裤装也多以 T 恤服装搭配，形成巧妙的呼应，使整体造型具有清爽休闲、怡然自得的感受。

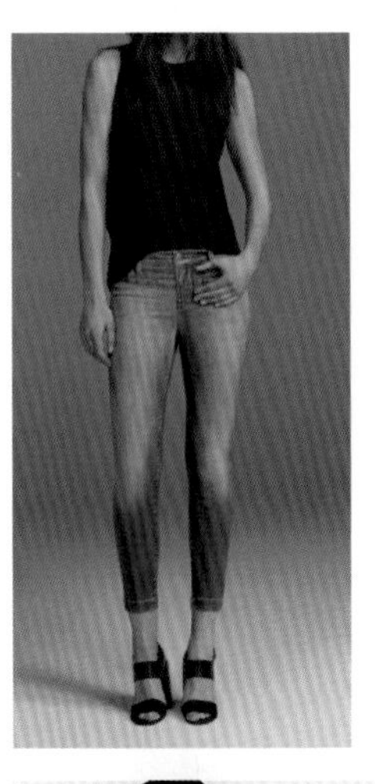

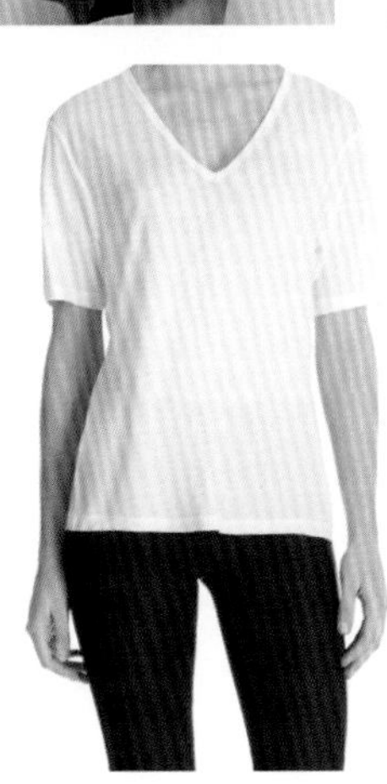

6.4.1 活力的 T 恤服饰

R G B=219-215-216
CMYK=17-15-13-0

白色的 T 恤也不减条纹 T 恤的活力感，白色 T 恤配上休闲牛仔裙，既富于活力，又能塑造出小女人味。

R G B=16-118-168
CMYK=84-50-22-0

设计理念：这是一款条纹蝙蝠短衫，宽松的剪裁舒适而随性。

色彩创意：蓝白条纹的短衫清新又不失休闲感。

宽松的蝙蝠衫很适合上身微胖的女生，下半身再搭配牛仔裤，塑造出清闲的宁静感。

设计技巧——百搭的 T 恤裙

百搭的 T 恤单品简约休闲中透着帅气的干练感，而且是件很减龄的服装。

这是一件白色黑条纹的 T 恤裙，再搭配一双白色球鞋，塑造出青春活力的小女人气质。

这是一件黑色白条纹的 T 恤裙，将自然的气质慢慢流淌出来。

6.4.2 自在的活力服饰

下面来欣赏一下裙装塑造出的活力感：

R G B=157-178-205	R G B=221-195-82	R G B=14-93-138	R G B=226-125-49
CMYK=44-26-13-0	CMYK=20-24-75-0	CMYK=91-65-33-0	CMYK=14-62-84-0

设计理念：蓝色印花背心搭配蓝色短裤营造出沙滩的曼妙感。

色彩创意：浅浅的水蓝色套装搭配，装扮出清新可人的少女味。

背心是夏季最清凉的单品，与短裤搭配，行动时也更加方便。

设计技巧——短袖 + 超短裤

略为宽松的上衣不仅凉爽，更能遮住赘肉，再搭配超短裤，让穿着者在夏季透露着清凉的舒适感。

具有复古风味的无袖短衫搭配条纹短裤，营造出休闲的个性感。

宝蓝色 T 恤随性地放入超短牛仔裤腰内，在个性中又带着女性的独特感。

6.4.3 轻松的活力服饰

将牛仔裤换成竹子印花短裙，也能营造出别样的活力。

R G B=238-236-237
CMYK=8-7-6-0

R G B=177-70-62
CMYK=38-85-78-2

R G B=210-220-222
CMYK=21-10-12-0

R G B=105-106-118
CMYK=67-59-47-2

设计理念：以文字和图案的组合，凸显了年轻人的活力和动感。

色彩创意：黑白色与浅蓝色结合，清新又舒适。

数字 T 恤搭配撕边牛仔短裤，增添了服装整体的独特感。

设计技巧——A 字型短裙

A 字型短裙性感撩人，又散发着无尽的魅力感。

短裙在四季中能搭配出不同的风格，尤其是炎热的夏季，能够带出俏皮可爱感，又很凉爽。

带白点的蓝色 T 恤搭配带黑点的白色短裙，完美地提高了腰线位置，也隐约透露出小女人的气息。

玩转色彩设计

双色设计

三色设计

多色设计

精彩作品欣赏

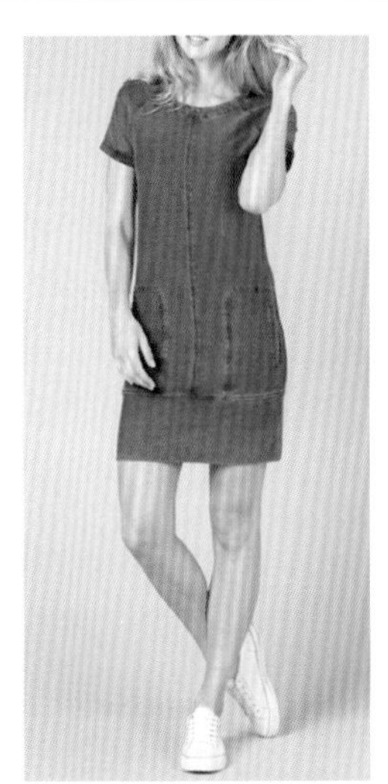

6.5 童趣

童装是指儿童穿着的服装。童装色彩搭配协调、美观，体现童趣和活泼。

童装的面料以健康舒适为主，可分为三种类型：柔软的棉布型面料，造型线条光滑且轻薄；清爽的麻布型面料，清晰的线条营造出丰满的轮廓感；丝绸的透视型面料，具有轻薄而通透的舒适感。

6.5.1 甜美的女童装

下面的红色小套装能营造出女童的甜美感，绝不逊于左侧服装的可爱感。

R G B=251-245-245
CMYK=2-5-3-0

R G B=249-109-66
CMYK=1-71-71-0

设计理念：这是一款上长下短的女童套装，单色设计体现儿童的童真。

色彩创意：裤边和胸前中心搭配的白色镂空花边，轻松地塑造出甜美的俏皮感。

这款童装采用棉麻面料设计，以透气舒适为目的。

设计技巧——甜美的黄色小裙

色彩可以塑造出强烈的感染力，可以拨动人们爱美的心弦，而艳丽的童装更能将儿童衬托得标致可爱。

黄色的童装给人一种活泼开朗的感觉，更会衬托出儿童肌肤雪白的稚嫩感。

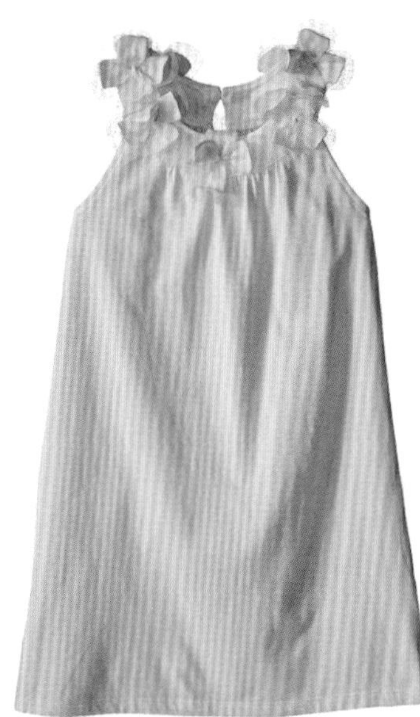

小巧可爱的黄色小裙，肩带装饰一圈同色的立体花饰，将服装点缀得更加俏皮。

6.5.2 清爽的沙滩装

欣赏过左侧清风感的套装，再欣赏一下彩虹条纹的沙滩裙。

R G B=239-201-230 CMYK=8-29-0-0	R G B=128-169-37 CMYK=58-21-100-0	R G B=242-98-129 CMYK=5-75-31-0	R G B=31-2-24 CMYK=83-97-74-68

设计理念：左侧是一款连体套装，以花朵和树叶为裙体图案，自然而清爽。

色彩创意：粉色为童装的主打色，可以将儿童装扮得粉嫩又灵动。

简约又舒适的吊带设计，再配以绿色的叶子和粉色的花朵，营造出清爽的视觉效果。

设计技巧——清凉舒适的裙装

爱玩、爱美是儿童的天性。沙滩是儿童最喜爱的玩耍场所，而造型简约时尚的纱质裙装可以让孩子们穿起来更加清凉、舒适。

纱质面料的沙滩裙，简约的设计很适合夏季炎热的天气，也能让儿童在沙滩玩耍时拥有舒适的清凉感。

这是一款简洁的沙滩裙装设计，裸露的后背搭配不规则的裙摆，塑造出甜美可爱的气质。

6.5.3 漂亮的公主装

下面是一件粉色的小礼裙，与左侧图片一样漂亮可爱。

R G B=244-23-234 CMYK=6-7-8-0	R G B=242-187-6 CMYK=10-32-91-0	R G B=232-211-141 CMYK=14-19-51-0	R G B=136-155-06 CMYK=54-33-66-0

设计理念：飘逸而充满动感的公主裙，可以让每一位女孩圆公主梦。

色彩创意：轻盈明快的黄色公主裙，有着极为出众的亲和力。

茫茫人海中，一抹柠檬黄可以让宝贝脱颖而出。

设计技巧——优雅的公主裙

蓬松的公主裙带着甜美与可爱的个性，彰显着时尚靓丽的特点，既舒适又好看，能够起到让宝贝一秒钟变成公主的神奇效果。

宝蓝色的上身衔接百褶蓬松裙，轻盈、高贵，营造出尊贵的小公主范。

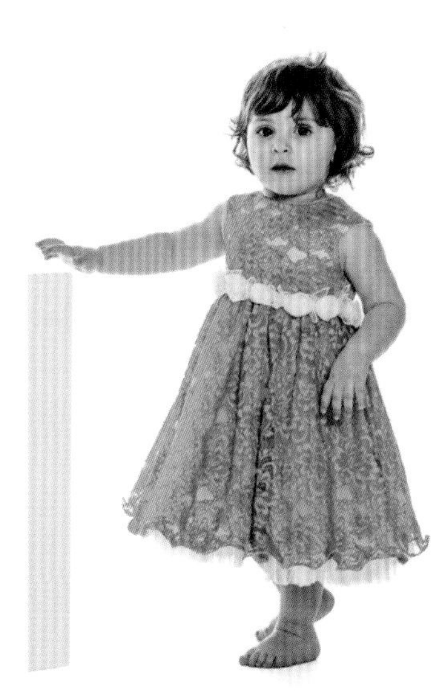

蓝色百褶连衣裙，腰间以一圈白色玫瑰花装点，带给人明朗的轻快感。

玩转色彩设计

双色设计

三色设计

多色设计

精彩作品欣赏

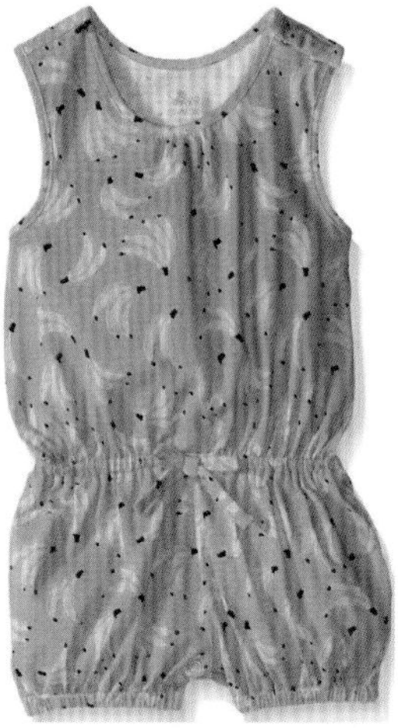

6.6 活泼

男童服装要体现出活泼感，可以通过简单的搭配体现时尚、舒适、自由。

儿童装服饰柔软又富有弹性，穿着舒适美观，感觉也较为高档。

6.6.1 帅气的男童装

帅气的男童装欣赏：

R G B=184-194-219	R G B=245-240-141	R G B=19-23-44	R G B=238-22-26
CMYK=33-21-7-0	CMYK=10-4-54-0	CMYK=94-93-66-55	CMYK=6-96-94-0

设计理念：以卡通图案为服饰纹理，生动而有趣。

色彩创意：条纹短裤搭配深色短袖，恰到好处地装扮出休闲帅气感。

简简单单，没有过多装饰的童装以条纹装扮，塑造出时尚的风范。

设计技巧——毛衣搭配

毛衣搭配衬衫营造出英伦风的感觉，富有强烈的层次感，又呈现出一丝沉稳的帅气。

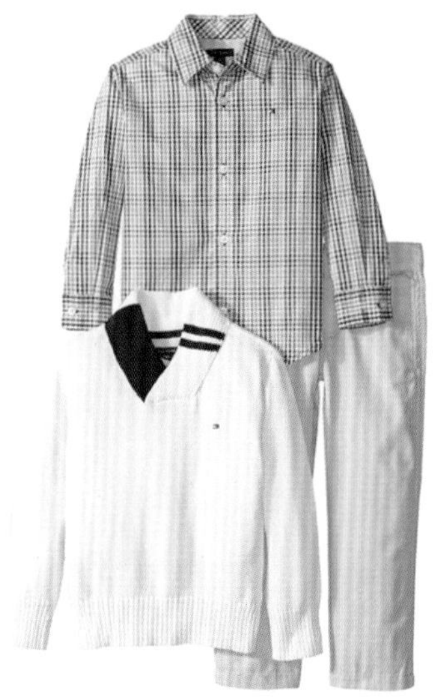

双色领的白色毛衣搭配红蓝格衬衫和米色长裤，可以将男童装扮出沉稳的文静感。

蓝色的毛衣搭配蓝色衬衫再配以米色长裤，将活泼可爱的男童装扮出高冷的成熟韵味。

6.6.2 活力的萌童装

左侧是一款短款运动套装，而下面是上短下长的配套运动装，给人和谐、统一感。

R G B=199-210-72	CMYK=31-10-81-0
R G B=253-124-78	CMYK=0-65-66-0
R G B=3-145-201	CMYK=79-34-12-0
R G B=40-38-41	CMYK=82-79-73-55

设计理念：左侧是一款可爱的卡通夏季运动套装，以海底的鱼类为图案。

色彩创意：无论是蓝色背心还是绿色T恤，搭配运动短裤，都有一种个性活力感。

俏皮可爱的小鱼和章鱼印花活泼可爱，棉布面料也让男孩活动起来更加舒适。

设计技巧——活力的运动童装

运动装已经成为童装的热潮，不仅可以在运动时穿着，更能成为街上的潮装。

这是蓝黑搭配的运动套装，舒适的棉布面料吸湿透气，使穿着的男童极为舒适。

灰色的运动套装更加温和轻柔，服装上的连体帽更能增添活力感。

6.6.3 清新的沙滩装

同系列的沙滩装欣赏：

R G B=213-186-159 CMYK=21-30-38-0	R G B=37-116-175 CMYK=83-51-16-0	R G B=151-214-219 CMYK=45-2-19-0	R G B=236-236-234 CMYK=9-7-8-0

设计理念：服饰的色彩和纹理更贴近沙滩、天空、大海。

色彩创意：米色 T 恤搭配海洋景物印花短裤，轻松地搭配出沙滩装。

简约的搭配摒弃了复杂的装饰，展现出阳光的男孩气息。

设计技巧——背心 + 短裤

炎热的夏季来临，最热门的度假场所就是海滩，一件蓝色的背心搭配舒适的短裤，清凉舒适，是沙滩必备装扮。

蓝色很容易让人联想到海洋风景，背心加短裤的简单搭配清凉舒适。

胡蓝色背心搭配晕花色短裤，很适合性格活泼的男童。

玩转色彩设计

双色设计

三色设计

多色设计

精彩作品欣赏

6.7 自然

自然是指打破繁杂的裁剪和复杂的装饰，可以让穿着者体会到舒适自然的轻柔感。

6.7.1 服装色彩的自然感

渐变色的裙装也格外自然。

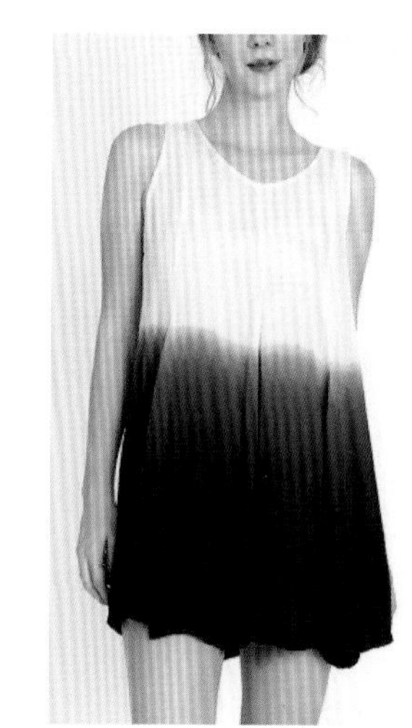

R G B=239-209-197 CMYK=8-23-21-0	R G B=195-193-145 CMYK=30-21-48-0	R G B=215-215-205 CMYK=19-14-20-0	R G B=88-111-163 CMYK=73-57-19-0

设计理念：左侧是一件修身长裙，整体采用低饱和度色彩搭配，更协调舒适。

色彩创意：拼色连衣裙在极简中展现出绚烂的色彩。

不规则裁剪的连衣裙交错出轻柔的女人味，透出迷人性感的韵味。

设计技巧——一抹清雅的黄色

黄色是鲜艳夺目的色彩，而淡雅的黄色又能凸显出清新动人的活力感，为夏季带来一抹清凉，还能衬托出肌肤的粉嫩。

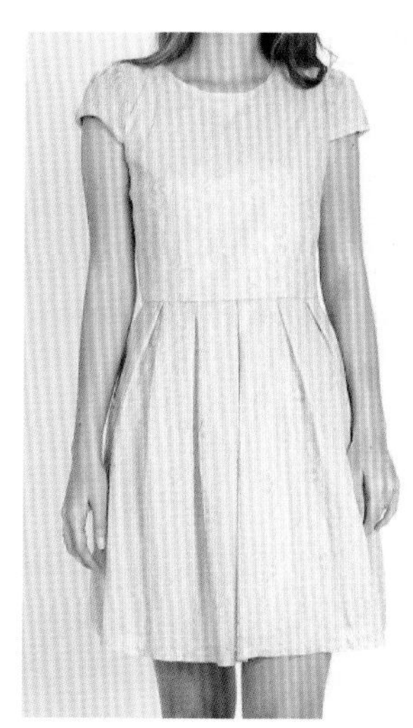

这是一件黄色打底、蓝色印花的百褶连衣短裙，清新淡雅，营造出小女人的魅力。

一字肩的黄色连衣裙小露香肩，将清纯与活泼的俏丽完美兼容。

6.7.2　服装画面的自然感

这是一款与左侧同款的服装设计，营造出自然的画风。

R G B=244-222-208
CMYK=5-17-18-0

R G B=49-82-136
CMYK=88-73-29-0

R G B=209-213-217
CMYK=21-14-12-0

R G B=198-43-57
CMYK=28-95-78-0

设计理念：左图是一件清风飘逸的连衣裙，裙体自然，图案写实。

色彩创意：蓝色与红色装点的裙装自然简洁又不失华丽感。

浓艳与艺术兼容的色彩，将女人衬托得格外立体、强势。

设计技巧——碎花元素

碎花连衣裙设计不仅是清新脱俗，更能体现出穿着者的时尚感。

这是一件一字肩连衣裙，将锁骨部位的曲线完美地展现，上身采用纯洁的白色，裙子则采用红色印花装点，可以让穿着者更加迷人。

这是一款由鲜花装点的直身连衣裙。亚麻色的卷发搭配这款无袖裙装，更加容易提升时尚感。

6.7.3 服装装扮的自然感

下面这款服装细节的精妙之处在于合理地处理松紧的关系，上身更紧凑，下身更舒缓。

R G B=224-218-216
CMYK=15-15-13-0

R G B=12-22-52
CMYK=100-99-62-48

设计理念：这是一款中性装扮的女性服装，凸显女性的气场。

色彩创意：蓝、白色搭配出素净淡雅感。

墨蓝色打底的白色条纹衬衫采用中长款的设计，搭配白色紧身裤，装扮出中性自然的休闲范。

设计技巧——文艺范的速成搭配

文艺范的服装设计不仅体现在色彩的冲击上，更体现在服装的样式上，它的别致设计才能够更让人倾心喜爱。

白底蓝色线条的 A 型连衣裙，无袖与衬衫领的设计，使得整体风格显出别样的文艺优雅。

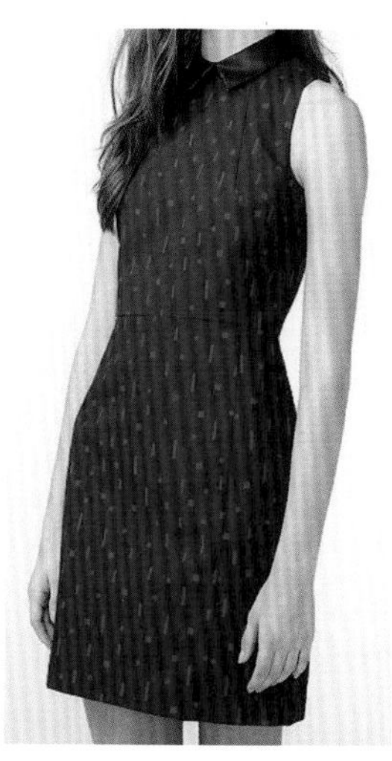

蓝色修身连衣裙，在颈部装饰着黑色皮领，十分亮眼、别致。

玩转色彩设计

双色设计

三色设计

多色设计

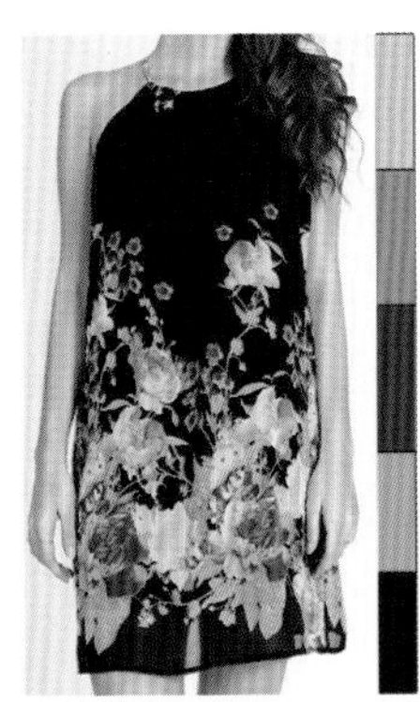

精彩作品欣赏

6.8 质朴

服装的质朴主要体现在色彩的素净感。以低调的姿态展现极具亲和力的服饰，摒弃繁杂的装饰和杂乱的拼接色彩，在简约的风格中展现活灵活现的视觉感，可以令穿着者变得更加自在洒脱。

6.8.1 典雅纯美的服装

左侧是典雅的粉色裙装，下面是如繁星点缀的白色裙装。

R G B=242-238-234	R G B=255-141-106	R G B=246-208-213	R G B=195-67-68
CMYK=7-7-8-0	CMYK=0-58-54-0	CMYK=4-26-10-0	CMYK=30-86-72-0

设计理念：左侧是一条独特线条设计的连衣裙。

色彩创意：采用水粉色的小礼裙装扮出可爱的小女人味。

深V领口更添性感魅力，展现出温柔的气场。

设计技巧——清爽性感的女人味

多层重叠的纱裙，以优雅的蕾丝搭配出性感的女人味，又显示出名媛的格调。

白色镂空吊带裙，细节的精美设计，都凸显出穿着者委婉的唯美感。

这是一件双层装饰的修身裙装，透出内敛的沉稳气质。

6.8.2 素雅清爽的服装

R G B=193-213-211
CMYK=29-11-18-0

下面来欣赏一下混合纤维面料的裙装设计：

R G B=153-165-165
CMYK=46-31-33-0

设计理念：左图是一件前卫的镂空纱网裙套装，若隐若现的镂空质感，更凸显性感迷人。

色彩创意：水蓝色的服装能够将肤色衬托的更加白皙。

长裙搭配同款外套，散发出独特的魅力感。

设计技巧——文雅的裙装

薄雾般轻盈的纱裙将甜美的潮味完美地融合进来，极为优雅可爱。

淡雅气质的裙装可以衬托出女人高贵的气质，也可以让穿着者充满迷人味道。

一条具有淑女气质的连衣裙，胸口以上的纱质透明设计为服装增添一丝性感的韵味。

6.8.3 极致俏美的服装

R G B=247-248-250
CMYK=4-3-1-0

下面来欣赏一下俏美的粉色套装:

R G B=42-38-35
CMYK=79-77-78-57

设计理念:这是一件修身连衣短裙。

色彩创意:彩色碎花与颈部蝴蝶结设计精美又俏丽。

裸露的双肩隐约显露着一丝性感的韵味。

设计技巧——小巧的礼裙

小礼裙的线条裁剪得较为简洁流畅，透露着干练的制作手法，穿起来更加曼妙美丽。

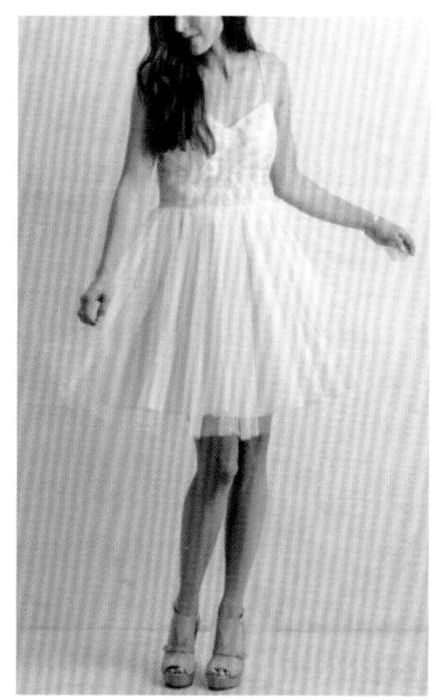

白色纱纺小礼裙精致又轻盈，塑造出浪漫天真的纯净感。

黑色小礼裙剪裁得简洁利落，优雅又不失华丽感。

玩转色彩设计

双色设计

三色设计

多色设计

精彩作品欣赏

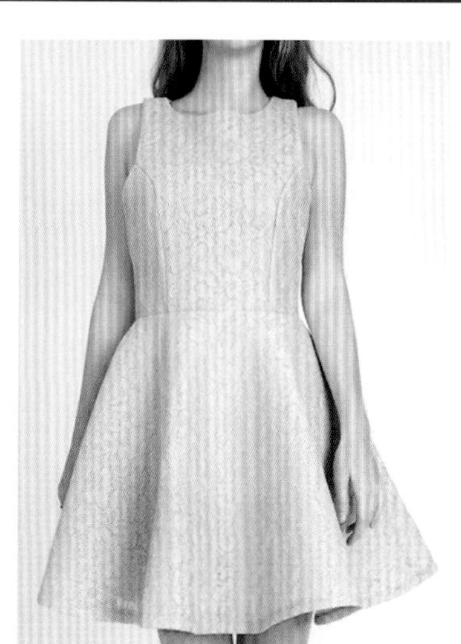

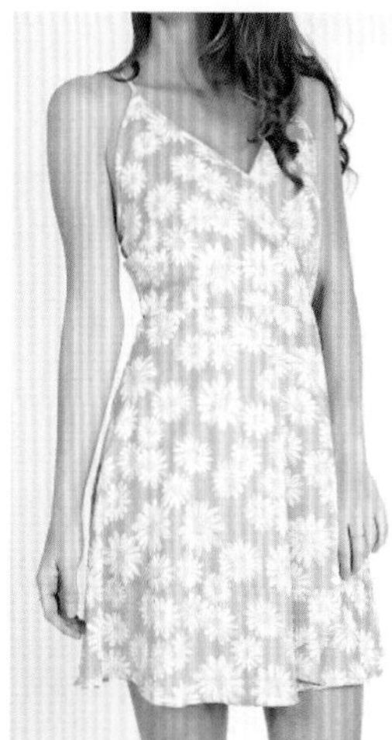

6.9 华丽

华丽一词，常与大气、华贵同时出现，能体现强大的气质。在服饰设计中，礼服是最能体现华丽感的类型之一。礼服多以修身裁剪和拼接设计手法体现，典雅、唯美的设计既有清雅的小女人味，又有性感妩媚的气质。而这些晚礼服能够轻松衬托出高贵的女王范，可以让穿着者在重要场合大放光彩。

6.9.1 绚丽的丝质服装

其他风格的丝质礼服欣赏：

R G B=248-211-207 CMYK=3-24-15-0	R G B=76-29-53 CMYK=69-94-63-42	R G B=184-194-223 CMYK=33-22-5-0	R G B=39-38-42 CMYK=82-79-72-54

设计理念：左图是一条细肩带的蓬松礼裙，上半身的深V和下半身的长裙产生对比。

色彩创意：肉色的纱裙饰以粉色、蓝色、红色和黑色交织的花纹，富有曼妙的灵动感。

深V领口设计以及腰间的黑色腰带装饰，令穿着者如翩翩飞舞的蝴蝶，极为美丽飘逸。

设计技巧——立体花朵装饰

不甘约束于传统设计的礼服，大胆地追求着装的美丽以及浪漫的韵味。立体花朵的装饰塑造出高端的穿着品味，也能展现出独立知性的人格美。

布满立体花装饰的礼裙极富飘逸感，可以让穿着者在宴会中脱颖而出。

这是一条百褶纱纺礼裙，裙面上方采用粉色的立体花朵装饰，以此来增强礼裙的立体感和装饰效果。

6.9.2 璀璨的华贵服装

R G B=228-205-191
CMYK=13-23-24-0

R G B=149-128-76
CMYK=50-51-78-1

R G B=180-152-136
CMYK=36-43-44-0

设计理念：作品的设计灵感来自海底的海葵，有飘逸随性的毛茸茸质感。

色彩创意：层层叠加的纱质面料将礼裙装饰得极为厚重，又富有层次感。

裸露的单肩设计给典雅的服装增添了一丝性感，而一朵朵绒毛花的装饰也增加了一丝独特的韵味。

设计技巧——迷人的宝蓝色

独特又充满魅力的宝蓝色服装总是让人爱不释手。礼服设计突破传统，端庄大方又极具女王风范。

深 V 领口与巧妙的露腿设计是这件礼服的精妙之处，外加拖尾的蓝纱和腰间、肩处的装点，使得服装极为高雅尊贵。

宝蓝色斜侧肩的拖尾礼裙和腰间的花样装饰极为高贵典雅。

玩转色彩设计

双色设计

三色设计

多色设计

精彩作品欣赏